国家社科基金
GUOJIA SHEKE JIJIN HOUQI ZIZHU XIANGMU
后期资助项目

三峡库区生态补偿额度测算及生态效益评估

Calculation of Ecological Compensation Amount and Evaluation of Ecological Benefits in the Three Gorges Reservior Area

官冬杰 等 著

科学出版社

北 京

内 容 简 介

本书立足地学前沿,紧扣国家和地方社会经济发展与生态建设的需求目标,以三峡库区后续发展过程中不同本底类型的典型样区为研究对象,从自然生态效益、经济成本和社会生态需求等方面,构建生态补偿标准多元化指标体系,通过生态补偿标准(额度)与指标体系之间的量化关系,引入地理生态等自然环境要素和社会经济发展差异系数,构建差别化模型,科学确定区域间生态补偿的分配标准,以动态化模型构建为切入点,提出生态补偿强度的概念,探求三峡库区后续发展生态补偿标准的变化规律,引入选择性奖惩机制,构建非对称演化博弈模型,剖析生态补偿利益群体间的复杂关系,提出最优化环境保护稳定策略,完善生态补偿动态演化机制,评估三峡库区后续发展生态效益,该成果能为三峡库区,乃至其他类似大型库区生态补偿机制研究提供科学依据和指导。

本书可供研究和关心生态补偿量化与生态效益评估的相关专业人士及管理部门参考,也可供地理学、生态学、环境科学、管理学等相关专业的科技工作者,以及高校教师和研究生参考。

图书在版编目(CIP)数据

三峡库区生态补偿额度测算及生态效益评估/官冬杰等著. 一北京:科学出版社,2019.6

ISBN 978-7-03-061372-1

Ⅰ.①三… Ⅱ.①官… Ⅲ.①三峡水利工程-生态环境-补偿机制②三峡水利工程-生态效应-效益评价 Ⅳ.①X321.2

中国版本图书馆 CIP 数据核字(2019)第 107841 号

责任编辑:杨帅英 白 丹/责任校对:何艳萍
责任印制:肖 兴/封面设计:陈 敬

科学出版社 出版
北京东黄城根北街 16 号
邮政编码:100717
http://www.sciencep.com
天津市新科印刷有限公司 印刷
科学出版社发行 各地新华书店经销
*
2019 年 6 月第 一 版 开本:720×1000 1/16
2019 年 6 月第一次印刷 印张:13 3/4
字数:277 000
定价:110.00 元
(如有印装质量问题,我社负责调换)

国家社科基金后期资助项目
出版说明

后期资助项目是国家社科基金项目主要类别之一，旨在鼓励广大人文社会科学工作者潜心治学，扎实研究，多出优秀成果，进一步发挥国家社科基金在繁荣发展哲学社会科学中的示范引导作用。后期资助项目主要资助已基本完成且尚未出版的人文社会科学基础研究的优秀学术成果，以资助学术专著为主，也资助少量学术价值较高的资料汇编和学术含量较高的工具书。为扩大后期资助项目的学术影响，促进成果转化，全国哲学社会科学工作办公室按照"统一设计、统一标识、统一版式、形成系列"的总体要求，组织出版国家社会科学基金后期资助项目成果。

全国哲学社会科学工作办公室

序

实施长江经济带发展战略是我国近期实施的三大区域发展战略之一，其核心理念是坚持生态优先、绿色发展，共抓大保护，不搞大开发；要按照全国主体功能区规划要求，建立生态环境硬约束机制，把生态环境保护摆上优先地位。《长江经济带发展规划纲要》更是明确提出，长江生态环境保护是一项系统工程，涉及面广，必须打破行政区划界线和壁垒，有效利用市场机制，更好发挥政府作用，加强环境污染联防联控，推动建立地区间、上下游生态补偿机制。要通过生态补偿机制等方式，激发沿江省市保护生态环境的内在动力。依托重点生态功能区开展生态补偿示范区建设，实行分类分级的补偿政策。按照"谁受益谁补偿"的原则，探索上中下游开发地区、受益地区与生态保护地区进行横向生态补偿。

三峡库区地处长江中上游的交接地带，是我国实施长江经济带发展战略的关键节点地区和"生态优先、绿色发展"的重要示范区，一方面三峡库区集大城市、大农村、大库区于一体，人类活动强烈、社会经济发展相对滞后，三农问题比较突出，即使在 2020 年与全国同步小康后，库区因经济基础薄弱，其后续发展任务依然较重、压力依然较大；另一方面三峡库区地处我国地形地势由第二级向第三级过渡地带，生物多样性富集，生态地位极其重要，是我国重要生态功能区，但库区山多坡陡，生态环境十分脆弱，生态修复、治理和保护压力大、任务重，生态安全问题受到社会广泛关注。因此在三峡库区科学实施生态补偿机制，是库区践行"生态优先、绿色发展"理念的重要保障，对于库区的后续持续发展和库区乃至长江中下游地区的生态安全具有重要意义。

在长江经济带发展战略背景下，该书以"三峡库区后续发展"为关注点，从"差别化和动态化"的视角，探讨并构建了生态补偿标准量化模型，剖析了区域差异与生态补偿标准间的反馈关系，科学地制定了区域间差别化的生态补偿分配标准，保证三峡库区不同区域间获得平等的生存权、环境权和发展权，促进区域间协调、平衡和可持续发展；建立了三峡库区后续发展背景下的生态补偿动态演化机制和模型，分析了三峡库区生态补偿各群体间的经济利益关系，有助于推进三峡库区生态补偿制度和相关法律法规的完善；评估了三峡库区成库后土地利用转型的生态效益，深入研究土地利用转型的驱动因子及驱动机理，可为三峡库区乃至我国其他类似条件的大型水利枢纽工程区周边的生态环境效益评估提供理论依据，有重要的实践指导价值。

"补偿"是作者对待生态环境保护的基本态度，体现的是思想观念的变革。当然，书中对三峡库区后续发展过程中不同区域生态环境保护"补偿"的额度也有差异，随着时间和经济社会发展的变化，程度也有所不同。以保护生态环境、促进人与自然和谐共处为目的，把保护变补偿，把补偿变资产，将科学系统地测算三峡库区生态补偿额度纳入现行经济社会发展（成本）评价体系，为建立体现生态文明要求的目标体系与奖惩机制提供科学依据和数据支撑。

生态补偿是当前国际公认的重要生态环境保护手段，但如何表征、量化和确定生态补偿标准，完善生态补偿机制，仍是当前生态补偿研究中的一个重要而未解决的问题，在补偿对象与方式上存在差异，横向补偿和纵向补偿的实施还处于探索阶段，尚未形成一个完整、成熟的测算体系和补偿机制，生态补偿理论和实践上都有待进一步完善。该书探讨的生态补偿问题不仅是一个社会公平问题，还是一个学术性很强的应用生态经济学问题，涉及地理学、管理学、环境学、生态学、经济学、社会学及数理科学等多学科，作者应用多学科的研究方法对三峡库区生态补偿标准的量化加以研究，为生态补偿标准额度的科学测定和生态补偿政策的落地实施提供了参考依据，不失为一种很好的探索和尝试。

我十分乐意把该书推荐给地理学、环境学与生态学领域的广大科技工作者和管理者。同时也期望该书的出版能为各相关专业人士及管理部门提供有益的借鉴，并能积极拓展和深化针对地理学和生态学有关生态环境保护的许多重大问题研究，为落实全面、协调与可持续的科学发展观和人与自然和谐发展的科学决策做出贡献。

苏维词

2019 年 2 月 23 日

前　言

　　生态补偿是当前国际公认的重要的生态环境保护手段，但如何表征、量化和确定生态补偿标准，完善生态补偿机制，仍是当前生态补偿研究中的一个重要而未解决的问题。本书立足地学前沿，紧扣国家对长江流域实施"只搞大保护、不搞大开发""生态优化、绿色发展"的发展理念，以"重庆三峡库区后续发展"为关注点，从"差别化和动态化"的视角，构建生态补偿标准量化模型，提出引入"选择性奖励机制"，构建更贴近实际的非对称演化博弈模型，总结提炼出多元复杂因素驱动下大型库区成库后生态补偿动态演化机制，可为三峡库区乃至我国其他类似条件的大型水利枢纽工程区的生态补偿机制的完善提供理论依据和典型案例，有重要的实践指导价值。

　　全书共分十章。第一章绪论，重点论述了三峡库区生态补偿研究的背景和意义，大型库区生态补偿的国内外研究现状及发展动态趋势，总结了本书研究内容与科研成果的创新点，提出了本书的总体框架，由官冬杰撰写。第二章重庆三峡库区后续发展生态补偿胁迫因子及胁迫机理，基于重庆三峡库区后续发展生态环境评价，剖析重庆三峡库区生态补偿胁迫因子及胁迫机理，从自然、社会、经济3个方面确定胁迫因子，引入系统动力学理论，明确重庆三峡库区生态补偿系统反馈关系，构建重庆三峡库区系统动力学模型，在检验通过的基础上进行模拟，并对其胁迫机理进行研究，由官冬杰、刘慧敏、张梦婕撰写。第三章重庆三峡库区后续发展生态补偿标准指标化研究，基于目前生态补偿标准单一化和固化形式的缺陷，从制约重庆三峡库区生态补偿的胁迫因子入手，通过对生态安全贡献度和生态系统服务功能的量化研究，确立评估生态补偿标准的自然生态效益指标，参考重庆三峡库区后续发展过程中生态系统维护和完善成本，构建生态补偿标准的经济成本指标；考虑生态系统保护的重要性值、社会经济发展水平、地区传统农业方式、少数民族风俗习惯和农户受偿意愿等综合因素，确定社会生态指标,结合定性和定量分析对指标数值进行处理,构建一套完整的、相互独立的、代表性强的、能反映重庆三峡库区后续发展的生态补偿标准多元化指标体系,由官冬杰、程丽丹撰写。第四章基于生态足迹思想的重庆三峡库区后续发展生态补偿标准量化研究,以生态足迹思想为手段,构建重庆三峡库区后续发展的生态足迹和生态承载力计算模型,主要采用区域生态足迹和生态承载力之间的对比关系来量化和评价区域生态安全,以此作为重庆三峡库区后续发展生态补偿的方向。如果不安全,说明生态系统需要进行生态补偿,构建重庆三峡库区后续发展生态补偿模型,进行评估量化,科学制定重庆三峡库区后续发展过程中各区(县)生态补偿的分配标准,由官冬杰、周健、周李磊撰写。第五章重庆三峡库区后续发展生态补偿标准差别化模型构建,考虑到重庆三峡库区自然地理条件和区域社会经济发展的差异,因此,在生态补偿标准的制定中必须对区域的差异条件进行协调与补偿。研究基于提出的多元化指标体系,以引入生态足迹思想为手段,通过量化生态安全贡献度和生态补偿额度之间的关系,构建生态补偿标准量化模型,在此基础上,从社会公平角度出发,引入地理要素和社会经济条件差异系数,构建生态补偿标准差别化模型,实现生态补偿量化研究从自然和经济生态补偿的范畴向社会公平方向延伸,选取典型样区,对其后续发展的生态补偿标准进行测算,剖析区域间生态补偿标准空间格局演变过程,探讨其形成生态补偿标准空间差异化的驱动因子,为科学地制定区域间生态补偿的分配标准提供依据,由官冬杰、龚巧灵撰写。第六章重庆三峡库区后续发展生态补偿标准动态化研究,基于现行的补偿标准过于静态化,纯粹的数字化定量表示不足以反映日益变化的经济形势。研究提出动态化生态补偿标准的理论框架,定义生态补偿强度的概念和函数关系,结合系统动力学的分析方法,从制约重庆三峡库区生态环境后续发展的主要瓶颈和胁迫因子入手,基于提出的生态补偿标准多元化指标体系,构建生态补偿标准动态化模型,通过调整参数和情景设定,对重庆三峡库区后续发展过程中的不同生态补偿建设规划方案进行动态模拟,找出重庆三峡库区成库后生态补偿标准的动态发展趋势和变化规律,由官冬杰、刘慧敏撰写。第七章重庆三峡库区后续发展生态补偿动态演化机制研究,重庆三峡库区生态补偿涉及复杂的群体利益关系,群体利益冲突是生态补偿过程中各种矛盾形成与激化的直接原因。研究从微观维度对生态补偿问题进行分析,通过博弈基本假设和情景设定,引入选择性奖惩机制,构建生态补偿非对称演化博弈模型,通过不同情形调控,明确该演化博弈系统的稳定性条件,基于重庆三峡库区后续发展过程中典型样区生态补偿的实证分析，深入研究重庆三峡库区各利益群体决策选择对最优化环境保护补偿策略的影响，通过制订相应对策及干预机制来调整利益群体的决策比重，促进稳定均衡策略的有效形成，完善重庆三峡库区后续发展生态补偿动态演化机制，由官冬杰、刘慧敏撰写。第八章重庆三峡库区后续发展土地利用变化及驱动机制研究，以忠县为例，针对重庆三峡库区成库前后土地利用变化的数量特征和空间格局演化过程，构建土地利用动态变化模型，进行未来土地利用变化的预测和模拟，分析土地利用变化的驱动力因子，提出优化重庆三峡库区成库后土地可持续利用的对策与调控途径。第九章重庆三峡库区后续发展生态系统服务价值评估——以忠县为例，通过土地利用转移和动态变化，分析重庆三峡库区的土地利用动态格局及其动态演化规律，根据地域特点，基于土地利用视角对忠县生态服务价值进行评估，由官冬杰、谭静撰写。第十章重庆三峡库区后续发展生态效益评估模型构建及应用，基于构建的指标体系，利用熵技术和灰色模型对传统的层次分析法确定的指标权重值进行修正，应用模糊数学构建了生态效益评估模型，对重庆三峡库区生态效益进行综合评估，提出促进重庆三峡库区成库后生态环境可持续利用的引领措施与对策，为实现重庆三峡库区后续经济社会发展、移民安稳致富、生态环境保护提供参考，由官冬杰、周李磊撰写。全书由官冬杰、周李磊、周健、赵祖伦统稿。

　　本书研究成果得到国家社会科学基金后期资助项目"三峡库区生态补偿额度测算及生态效益评估"（16FJY010）的资助，在此深表感谢！

　　由于三峡库区生态补偿涉及复杂的群体利益关系，特别是生态补偿标准理论还处于发展阶段，虽然几易其稿，但书中难免存在不足和疏漏，欢迎广大读者不吝赐教。

官冬杰

2019 年 3 月

目　录

第一章 绪 论

(一)研究背景和意义

三峡工程是世界上最大的水利枢纽工程,已于 2009 年年底建成运行,防洪、发电、航运、水资源利用等综合效益进一步显现。然而三峡工程建设中的一些累积性问题和建成运行后出现的新问题,包括水土流失、自然灾害、人地矛盾、生态系统功能弱化、消落带污染、生态需水等问题(梁福庆,2012),对三峡工程的综合效益产生了负面影响,亟待解决。尽管在工程设计和建设中充分考虑了生态环境问题,并实施了卓有成效的对策,但三峡库区生态环境恶化趋势并未得到根本遏制。为妥善解决这些问题,充分保证三峡工程综合效益进一步发挥和实现,国务院批准了《三峡后续工作规划》,加强库区生态环境保护是三峡后续工作的重点。三峡库区作为重要的生态功能区,国家对其提出了较高的生态环保要求。党的十八届三中全会把生态文明建设纳入了国家经济社会发展和生态需求总布局中,并强调,建设生态文明,用制度保护生态环境,针对国家重点保护区域划定生态红线,实行生态环境和自然资源有偿使用制度,建立生态补偿制度,改革和完善生态环境保护管理机制。同时,三峡库区也是国内经济发展滞后的地区之一,高环保要求使该区域产业发展受限、发展成本增加。因此,解决好三峡库区后续发展过程中的生态补偿问题对于三峡工程的正常运行和功能发挥,促进三峡库区民众与生态环境和谐相处,加快自然-经济-社会-环境可持续发展具有重要的基础理论意义、实践意义和紧迫性。

1. 实现三峡库区生态功能定位的需要

三峡库区被认为是长江中下游地区非常重要的生态屏障区,其库区生态环境质量直接影响三峡大坝的运行寿命,还影响三峡库区和长江流域生态环境的可持续发展,而且三峡库区水污染问题与水土保持会直接影响长江流域水质稳定,同时,三峡库区周边大巴山系是限制开发区域、生态敏感区域,是我国生物保护的关键核心区域之一。三峡水库又是中国淡水资源战略储备地,在全国生态功能区划中被列为水源涵养重要生态功能区。目前,三峡库区已进入后续发展阶段,要实现三峡库区生态功能定位(蔡光东和董丛书,2011),需要守住发展底线和生态底线。这意味着三峡库区为保护环境付出了经济发展的机会成本,某些区域不开发或限制性开发的经济损失应得到下游地区、周边省份或相邻区域的经济补偿。因此,在三峡库区限制开发区和禁止开发区,生态补偿的实施是保证国家对库区生态功能区定位的重要途径之一。

2. 实现三峡库区跨越式发展的有效途径

三峡大坝的修建直接影响了三峡库区和长江流域的生态环境和库区人们生活。库区经济社会发展严重滞后,与长江流域中下游地区差距越来越大,首先,三峡大坝建设前,专家对是否建设三峡大坝进行了多次讨论;然后,三峡大坝修建后,由于国家对库区水质和长江经济带水资源安全利用的要求,三峡库区被国家确定为"限制发展区",经济社会发展再度受到严重影响(梁福庆,2010)。同时,三峡库区付出了较高的生态环境保护成本,来加强水土治理和保护,许多工业和污染企业被叫停,加剧了三峡库区民众的生存压力。库区的主要矛盾是贫困和落后,根本任务是加快发展。如何在保护好三峡库区现有生态不被破坏的条件下实现跨越式发展,是一个两难的问题。历史、民族、文化、地理区位等因素造成的发展"慢"是三峡库区的基本情况,基本公共服务历史欠账多,是造成三峡库区与东部地区巨大差距的重要原因之一,是制约贫困群众脱贫致富的重要因素,也是影响三峡库区与全国同步建成小康社会的关键点。针对三峡库区加快发展和保护好生态的双重压力,建立生态补偿机制,是2020年全国实现同步小康的有效途径之一。

3. 探索模式,有重要的学术研究和实践指导价值

三峡库区地域辽阔,不同区域的自然环境条件、生态本底、资源禀赋、交通区位、社会经济基础和产业结构、基础设施等方面的条件千差万别,如交通便利的城郊区、产业基础薄弱的移民安置区(移民新村)、生态本底脆弱的喀斯特峰丛山区、特色资源富集(如旅游资源、经济果木林资源、中药材资源等)的库岸区与低山丘陵区、传统的农耕山区等。这些不同本底条件下的生态补偿标准不同,完全符合它们的补偿机制及引领措施对策也应各有特色。为此,在三峡库区中选择若干个有代表性的典型地域作为生态补偿研究的样区，通过对典型样区进行剖析，深入研究生态补偿标准可量化指标、剖析库区不同典型类型地区生态补偿标准的差异，探求三峡库区成库后生态补偿动态演化机制。这项研究属于生态经济方面的学术前沿问题，不仅具有重要的学术意义，而且总结提炼出的多元复杂因素驱动下的大型库区生态补偿标准及动态演化机制，可为三峡库区乃至我国其他类似条件的大型水利枢纽工程区的生态补偿标准和机制的选择提供理论依据和典型案例，有重要的实践指导价值。

综上所述，三峡库区特殊的地理位置决定了它的脆弱性和敏感性，三峡大坝及库区生态环境和生态安全问题已经引起了全世界学术界和各国舆论的广泛关注。尤其是三峡大坝主体工程竣工后，三峡库区生态环境后续发展状况直接影响到三峡工程的正常运行和功能发挥。因此，三峡库区后续发展生态补偿额度测算及生态效益评估，不仅可以对长江流域水资源安全的破坏行为进行有效约束，还可以充分调动生态环境保护者和建设者的积极性，从而达到三峡库区生态环境保护和社会经济建设的全面协调发展，这是一项十分重要的基础性研究工作。

(二)国内外研究现状

1. 生态补偿的发展

生态补偿已成为当前国际公认的重要的生态环境保护手段之一，在世界各地得到了广泛实践，也引发了众多学者的关注(袁伟彦和周小柯，2014；Bai et al.，2011；Schomers and Matzdorf，2013)。生态补偿，国际上的定义为对生态系统/环境服务付费(payments for ecosystem/environmental services，PES)，Larsno 和 Mazzares 最早于 19 世纪 70 年代提出，他们建议政府颁发湿地开发补偿许可证，对湿地快速评价模型进行了构建。此后北美、西欧等国家或地区将这一环境经济学手段成功用于解决生态环境保护与经济发展之间的矛盾，积累了丰富经验(盛芝露等，2012)。20 世纪 90年代起，国外学者越来越关注生态补偿的研究和实践，其得到了空前的关注和重视，尤其是得到了发达国家的关注和重视(Newton et al.，2012；Engel et al.，2008；Muradian et al.，2010)。目前，国外学者的研究重点主要集中于 3 个方面：①对生态补偿内涵和概念的理解，主要包括生态补偿利益相关者、生态补偿途径和生态补偿方式等。②对生态补偿量化、制度设定和综合效应评估的探讨。③生态补偿实践和实施，学者们重点关注政治、制度和文化背景的影响，尤其是个体的差异和民众的态度及决策者的作用，重视政治、法律和经济手段的运用。涉及的研究领域主要集中在森林、湿地和流域生态补偿，生态补偿的空间分布差异及经济社会生态补偿方面。

国内学者对生态补偿的研究始于 20 世纪 80 年代末、90 年代初期，21 世纪进入兴盛阶段，研究内容主要集中在生态补偿中的概念、生态补偿的基础理论、生态补偿的量化、生态补偿调控、生态补偿机制建立、生态补偿制度完善和生态补偿的实施效果方面。近年来，生态补偿标准制定等问题开始进入学者的研究视野。研究的侧重点是生态补偿标准评估和生态补偿机制(刘春腊等，2013)。目前，从国内外大量的生态补偿相关研究成果来看，生态补偿以流域、森林、草原、农田、能源开发、海洋等领域为主，对于大型库区生态补偿的相关研究比较少见。

大型库区是指总库容超过 1 亿 m^3 的水库内最高蓄水位的水面所覆盖的区域，是典型的自然地理概念。目前，随着"库区生态经济区""库区生态屏障区""库区消落带"等区域范围概念的提出，三峡库区也被作为一种生态经济地域系统，同时，三峡库区的相关研究问题也具有整体性。生态补偿理论是 20 世纪初开始被引入大型库区水资源保护领域的，背景是举世瞩目的长江三峡工程进入初期运行阶段，南水北调工程已规划投建，这期间国内出现了较多尝试性的关于库区生态补偿研究，主要是针对库区生态补偿理论还不完善，相关的法律法规还不健全，以及建立库区生态补偿机制的必要性做出的初步讨论。目前，大型库区生态补偿标准定量化研究及补偿机制动态调控研究仍未受到关注和重视。

2. 大型库区生态补偿发展趋势

大型库区生态补偿是指基于国家修建大型水电水利工程运行的角度，以大型库区损失的发展机会成本等为依据，向对大型库区提供生态环境保护的人进行生态补偿。随着水利资源的利用和开发，库区生态健康、生态效应的影响更加广泛，以及大型水电工程对区域发展和生态安全作用的提升，大型库区生态补偿标准和补偿机制研究得到了不断发展，前期以环境保护和治理为主，目前已经深入到经济发展、生态和环境安全的全领域。本书侧重于对大型库区后续发展的生态补偿标准量化模型及生态补偿动态演化机制建立做深入研究，为大型库区生态补偿奠定一定的理论基础。以下对本书涉及主要内容的国内外研究进展进行评述。

(1)大型库区生态补偿标准的定量化研究

大型库区生态补偿标准的定量化研究还处于探索阶段,目前还没有一个成熟完备的测算体系和评估模型,理论上和实践上都有待于完善。国内外关于大型库区生态补偿标准测算的方法主要有生态系统服务功能价值法、机会成本法、条件价值法和生态足迹法等。

a)生态系统服务功能价值法。学者一般认为,通过生态系统服务方法能够实现生态效益评估的最大化,它在理论上是最优化的补偿额度。例如,Fu 等(2014)通过采用生态系统服务功能的综合值和权衡,评价水利工程的服务,讨论了对生态补偿的影响;徐琳瑜等(2006)基于生态系统服务功能价值法,以厦门市莲花水库工程为研究对象,对生态补偿额度进行了测算;肖建红等(2012)以皂市水利枢纽工程为例,构建了生态补偿主体受益和对象受损评估模型,基于河流生态系统服务功能视角,对生态补偿标准进行了量化研究。

国内外已对此达成基本共识,基于生态系统服务方法进行生态补偿,可作为库区生态补偿的参考或理论上限值(赖敏等,2015),但在生态补偿实施过程中,只是根据此标准进行生态补偿的真实案例较少。

b)机会成本法。机会成本法是国际公认的,具有实践价值的确定库区生态补偿量化方法。目前,很多研究者以机会成本作为生态补偿的下限额度,众多的补偿案例也充分证明了这点(张乐勤和荣慧芳,2012;赵翠薇和王世杰,2010)。例如,Wünscher 等(2008)从恢复生态建设成本的核算角度来界定生态补偿的额度;Zbinden 和 Lee(2005)建议哥斯达黎加埃雷迪亚市以土地机会成本作为依据,基于水资源环境调节费,对上游土地使用者进行生态补偿;李晓光等(2009)应用机会成本法对海南中部山区森林保护生态补偿标准进行分析;蔡邦成等(2008)以南水北调东线水源地为例,对生态补偿量化进行了探讨。

尽管学术界赞同以机会成本作为生态补偿下限的观点,但不同学者对机会成本的内涵与外延有不同认识,由于考虑的因素较少,公式简单,据此估算的生态补偿标准偏差大,不能客观反映受偿者的损失,有的估算结果也可能偏高,脱离了补偿方的实际支付能力,达不到促进生态环境保护者与生态环境补偿者的共同利益关系的目的。

c)条件价值法(CVM 法)。CVM 法基于主观方法,直接把生态利益相关方的成本、直接收入和预期等影响因子整合为简单意愿,被公认是"有应用趋势的环境价值评估方法",是现阶段最成熟、应用最广泛的流域生态补偿标准方法之一。例如，Castaño-Isaza 等(2015)对哥伦比亚海葵的海洋保护区(SMPA)进行了 1793 次调查，得出受访者的支付意愿为 997468 美元/年；Mombo 等(2014)采用消费调查和选择模型，对坦桑尼亚流域的湿地生态系统服务进行评估，结果表明，农村居民的支付意愿(WTP)比所收到的市场比例低于 1%，同时，农村社区的 WTP 比城市社区的低。董长贵等(2008)应用条件价值评估法，以密云水库保护为例，估计出密云水库的生态价值，受访者的 WTP 在 9.53 亿～31.75 亿元/年，城八区居民人均 WTP 为 100～500 元/年；孙盼盼和尹珂(2014)采用意愿调查法，以农户受偿意愿为依据，估算三峡库区消落带农户受偿意愿平均值为 549.7166 元/年。

　　由于 CVM 法受主观调查问卷和调查问题的影响，同时，受调查途径与区域差异，被采访者对生态补偿的知识了解、喜欢程度、职业特点、学历差异等因素的制约，CVM 法估算出的结果有误差，不能准确反映被调查地区或者采访者的支付或受偿意愿。

　　d) 生态足迹法。生态足迹法是加拿大生态经济学家 Rees(1992)提出，并由其学生 Wackernagel(1999)完善的一种衡量可持续发展程度的方法，生态足迹法能够提供或消除垃圾或废物的具有一定生物生产能力的生产性土地面积，可以测度人类对自然界的需求与自然界所能够提供的生态服务之间的差距，该方法可以清晰地分析不同区域之间消费的生态赤字/盈余(Ferng，2007)。肖建红等(2011，2015)将 Rees-Wackernagel 提出的生态足迹思想引入大型水电工程生态补偿标准评估中，并以三峡库区和湖南皂市大型水电工程为例，说明了生态足迹思想可以用来计算生态补偿的额度；苏浩等(2014)以河南省耕地为研究对象，通过生态系统服务价值和能值生态足迹方法，对河南省耕地的生态补偿标准进行了评估。

　　基于生态足迹思想的生态补偿额度测算，可以扩大生态补偿量化的范围，提高测算结果的准确性，基于现有的研究成果，生态足迹思想在大型库区生态补偿评价中的应用是可行的，但是，从国内外生态补偿相关研究案例来看，以构建生态足迹模型为基础确定生态补偿标准的成果较为少见，关于生态足迹的各种改进方法在构建大型库区生态补偿标准评价模型中的适用性有待于进一步研究。

　　综上分析，虽然这些方法在生态补偿标准量化研究中得到了广泛应用，但由于其具有各自的方法原理和特点，区域范围和适用条件不同，计算结果差别较大，在未来研究中，两种或者多种方法相结合，构建生态补偿标准量化模型，是今后研究的重点方向，避免一种方法的不确定性和主观性，使研究结果更接近实际，具有参考价值。

(2)大型库区生态补偿机制研究

国内外相关学者关注大型水利工程修建所形成库区内生态环境保护所带来的生态补偿问题只有短短的30多年时间,相关的生态补偿理论也没有完善。国外对生态补偿机制问题的研究主要集中在补偿途径、补偿方式和补偿标准的确定方面。例如，美国和加拿大合作开发的大型水利工程哥伦比亚河梯级水电站，补偿效益分摊是相关各方通过谈判方式达成的，以货币的形式补偿(李生海，1994)。Cranford 和 Mourato(2011)将居民和所在社区作为补偿对象，分别对社区或地区进行补偿，然后再通过调控途径对个人提供进一步的补偿。

国内关于库区上下游之间生态补偿的长效机制仍未建立。尤其是大型库区生态补偿机制却还未提上日程。目前，关于大型库区生态补偿机制的宏观政策研究较多，如贾永飞(2009)以南水北调工程丹江口库区为例，提出了库区生态补偿的方式；刘桂环等(2010)在分析官厅水库流域的土地利用变化的基础上，结合库区实际情况，评估了生态系统服务，提出了流域生态补偿机制。

随着学者研究的不断深入和认识，经济学模型被关注，并且成为生态补偿机制研究的重点方向。例如，Hoffman(2008)以美国 Catskill / Delaware 流域为案例，构建农户与政府博弈模型，协调生态补偿中的矛盾，确定生态补偿标准；曹洪华等(2013)将"举报惩罚"制度引入生态补偿利益群体关系分析中，建立演化博弈模型，分析各群体利益关系的复制动态、演化稳定策略和演化博弈系统的稳定性；曲富国和孙宇飞(2014)用演化博弈模型对流域生态补偿进行了实证研究。

目前得到广泛认可的是静态博弈模型、两阶段动态博弈模型、演化博弈模型等，这些模型在流域生态补偿中得到了很好的实践，就大型库区而言，由于涉及复杂的利益相关方，这种静态的、一般的动态演化模型无法模拟复杂调适过程而使之达到稳定平衡，需要对模型进一步修正、研究和讨论。

(3)大型库区生态补偿实践研究

国内外关于流域生态补偿和水源地生态补偿的成功实践研究较多，而关于大型库区生态补偿成功实践的案例比较少见。在流域生态补偿方面，如美国田纳西州流域管理计划，为了减少土壤侵蚀，1986 年开始对流域周围的耕地和边缘草地的土地拥有者进行补偿。哥斯达黎加、哥伦比亚、厄瓜多尔和墨西哥等拉丁美洲国家，为改善流域水环境服务功能，开展了环境服务支付项目，提供生态补偿(张建肖和安树伟，2009)。国内关于大型库区的实践案例基本处于试点阶段，2008年正式启动实施南水北调中线工程水源地保护生态补偿机制试点，对加强生态保护、改善生态环境造成的损失进行补偿；同年，又下发了《财政部关于下达2008年三江源等生态保护区转移支付资金的通知》，三峡库区、丹江口库区和神农架林区都获得了来自中央财政的生态补偿资金。关于大型库区的实践案例研究也比较少见，如周燕等(2006)结合崂山水库库区的实际情况，从生态补偿的相关方、具体方法和补偿金的来源等方面，探讨了该库区建立生态补偿机制的方法，并得到了应用；杜丽娟等(2010)对潘家口库区的研究得出了2000年对上游地区的水土保持补偿标准，但补偿标准偏低导致实施起来缺乏激励性。

综上分析，目前关于大型库区生态补偿标准定量方法的发展，仍无法满足当前生态补偿实践的需求。诸多学者对大型库区生态补偿进行了实践研究，但由于各个研究都是在特定的条件下进行的，自然地理条件、经济状况，以及研究角度、使用的研究方法等方面不同，至今尚未形成一个完善的大型库区生态补偿实践研究体系。

3. 生态补偿发展趋势

从国内外研究现状可以看出大型库区生态补偿标准和机制研究仍是当前生态补偿研究中的一个重要而未解决的问题，在补偿对象与内容上存在差异，定量评估方法与准则的确定仍处于探索阶段，尚未形成一个完整、成熟的评估体系，理论和实践上都有待于进一步完善。归纳起来，大型库区生态补偿标准和机制研究需要从以下3个方面着手。

(1)必须构建生态补偿标准多元化指标体系

大型库区生态补偿标准涉及的部门多，补偿标准难以核算，也难以达成共识。现有研究考虑到研究数据的可比性和计算的可行性，会将评估指标体系和方法简单化，大型库区由于其独特的生态地位，补偿标准指标体系的构建是极为复杂的，包括多个区域生态系统，不同区域生态服务的对象和生态系统存在差异，有些是多个生态系统起主要作用，有些是单一生态系统起作用，在进行生态补偿时需要单独核算、综合评估。因此，在生态补偿量化指标体系构建过程中，根据区域特色和生态系统特征，选取独立的、全面的、客观的、综合的评估指标，构建生态补偿标准多元化指标体系，避免核算的随意性、主观性和不确定性，获得兼顾各方利益的、客观准确的补偿标准。

(2)必须构建差别化和动态化生态补偿量化标准

生态补偿量化研究是完善生态补偿制度的核心问题，也是难点所在。在目前的研究结果中，生态补偿的量化标准是个定值，但实际上生态补偿应该是一个动态变化的数值，它会随着不同研究区域范围、时间变化和不同区域兼得收入差异而动态变化和调整，因此，必须构建差别化、动态化生态补偿标准，利用区位差异条件和社会经济发展动态趋势，科学地制定区域间生态补偿的分配标准。

(3)必须通过构建相关利益者模型，完善生态补偿动态演化机制

生态补偿标准是研究"补多少"的问题，而生态补偿机制是确定"补给谁"的问题，但生态补偿涉及复杂的群体利益关系。因此，必须通过引入相应的约束因子，构建非对称演化博弈模型，对生态补偿利益群体关系展开探讨，完善生态补偿过程中的动态演化机制，确保生态补偿机制的稳定、持续和有效性。

总体来说，随着国内外学者研究的逐渐深入，如何表征、量化和确定生态补偿额度，建立生态补偿机制，已成为生态补偿量化研究的关键问题。本书以三峡库区后续发展过程中不同本底类型的典型样区为研究对象，从制约三峡库区生态环境后续发展的胁迫因子入手，首先，构建生态补偿标准多元化指标体系，通过定性和定量分析，对指标数值进行处理，明确生态补偿标准(额度)与指标体系之间的量化关系；其次，引入自然和社会经济条件差异系数，构建差别化生态补偿标准模型，科学制定不同区域类型的生态补偿分配标准；再次，提出生态补偿强度概念，结合系统动力学理论，构建生态补偿标准动态化模型，通过情景模拟，找出三峡库区后续发展过程中生态补偿标准的变化规律；最后，基于经济学模型理论，引入选择性奖励机制，构建非对称演化博弈模型，剖析生态补偿利益群体间的复杂关系，找出最优化环境保护稳定策略，完善生态补偿动态演化机制，期望能为大型库区生态补偿机制和制度的完善提供重要参考和实证案例，类似这方面的系统性研究工作在所收集的国内外文献中尚未见报道。

(三)本书的主要内容和科研成果创新点

1. 主要研究内容

生态补偿是当前国际公认的重要的生态环境保护手段,但如何表征、量化和确定生态补偿标准,完善生态补偿机制,仍是当前生态补偿研究中的一个重要而未解决的问题,该成果立足地学前缘,紧扣国家和地方社会经济发展与生态建设的需求目标,以三峡库区后续发展过程中不同本底类型的典型样区为研究对象,在研究三峡库区脆弱生态与三峡大坝安全运行的互动作用基础上,构建生态补偿标准多元化指标体系,通过生态补偿标准(额度)与指标体系之间的量化关系,引入地理要素和社会经济发展差异系数,构建差别化模型,科学确定区域间生态补偿的分配标准,以动态化模型构建为切入点,提出生态补偿强度的概念,探求三峡库区后续发展生态补偿标准的变化规律,引入选择性奖惩机制,构建非对称演化博弈模型,剖析生态补偿利益群体间的复杂关系,提出最优化环境保护稳定策略,完善生态补偿动态演化机制,评估三峡库区后续发展生态效益,该成果能为三峡库区乃至其他类似大型库区生态补偿机制研究提供科学依据和指导。

(1)三峡库区后续发展生态补偿胁迫因子及胁迫机理

基于三峡库区后续发展生态环境评价,剖析三峡库区生态补偿胁迫因子及胁迫机理,从自然、社会、经济3个方面确定胁迫因子,引入系统动力学理论,明确三峡库区生态补偿系统反馈关系,构建三峡库区系统动力学模型,在检验通过的基础上进行模拟,并对其胁迫机理进行研究。

(2)三峡库区后续发展生态补偿标准指标化研究

基于目前生态补偿标准单一化和固化形式的缺陷,在研究三峡库区后续发展过程中脆弱生态与三峡大坝安全运行的互动作用基础上,从制约三峡库区生态补偿的胁迫因子入手,通过对生态安全贡献度和生态系统服务功能的量化研究,确立评估生态补偿标准的自然生态效益指标,参考三峡库区后续发展过程中生态系统维护和完善成本,构建生态补偿标准的经济成本指标;考虑生态系统保护的重要性、社会经济发展水平、地区传统农业方式、少数民族风俗习惯和农户受偿意愿等综合因素,确定社会生态指标,结合定性和定量分析对指标数值进行处理,构建一套完整的、相互独

立的、代表性强的、能反映三峡库区后续发展的生态补偿标准多元化指标
体系。

(3)基于生态足迹思想的三峡库区后续发展生态补偿标准量化

以生态足迹思想为手段，构建三峡库区后续发展的生态足迹和生态承
载力计算模型，主要采用区域生态足迹和生态承载力之间的对比关系来量
化和评价区域生态安全，以此作为三峡库区后续发展生态补偿的方向。如
果不安全，说明生态系统需要进行生态补偿，构建三峡库区后续发展生态
补偿模型，进行评估量化，科学制定三峡库区后续发展过程中各区(县、自
治县)生态补偿的分配标准。

(4)三峡库区后续发展生态补偿标准差别化模型构建

考虑到三峡库区自然地理条件和区域社会经济发展的差异，在生态补
偿标准的制定中必须对区域的差异条件进行协调与补偿。研究基于提出的
多元化指标体系，以引入生态足迹思想为手段，通过量化生态安全贡献度
和生态补偿额度之间的关系，构建生态补偿标准量化模型，在此基础上，
从社会公平角度出发，引入地理要素和社会经济条件差异系数，构建生态
补偿标准差别化模型，实现生态补偿量化研究从自然和经济生态补偿的范
畴向社会公平方向延伸，选取典型样区，对其后续发展的生态补偿标准进
行测算，剖析区域间生态补偿标准空间格局演变过程，探讨其形成生态补
偿标准空间差异化的驱动因子，为科学地制定区域间生态补偿的分配标准
提供依据。

(5)三峡库区后续发展生态补偿标准动态化研究

由于当前生态补偿标准是静态的、固定的，不能很好地适应快速变
化的社会环境。研究提出随时间动态化生态补偿额度的理论框架，定义
生态补偿强度的概念和函数关系，结合系统动力学分析方法，从制约三
峡库区生态环境后续发展的主要瓶颈和胁迫因子入手，基于提出的生态
补偿标准多元化指标体系，构建生态补偿标准动态化模型，通过调整参
数和情景设定，对三峡库区后续发展过程中的不同生态补偿建设规划方
案进行动态模拟，找出三峡库区成库后生态补偿标准的动态发展趋势和
变化规律。

(6)三峡库区后续发展生态补偿动态演化机制研究

三峡库区生态补偿涉及复杂的群体利益关系。研究从微观维度对生态补偿问题进行分析，通过博弈基本假设和情景设定，引入选择性奖惩机制，构建生态补偿非对称演化博弈模型，通过不同情形调控，明确该演化博弈系统的稳定性条件，基于三峡库区后续发展过程中典型样区生态补偿的实证分析，深入研究三峡库区各利益群体决策选择对最优化环境保护补偿策略的影响，完善三峡库区后续发展的生态补偿动态演化机制。

(7)三峡库区后续发展土地利用变化及驱动机制研究

以忠县为例，针对三峡库区成库前后土地利用格局过程变化特征，构建土地利用转移矩阵模型，对土地利用变化进行不同情景的预测和模拟，剖析土地利用转化的驱动力因子，提出加快三峡库区成库后土地可持续利用的对策与调控途径。

(8)三峡库区后续发展生态系统服务价值评估

以忠县为例，通过土地利用转移和动态变化，分析三峡库区的土地利用动态格局及其动态演化规律，根据地域特点，对忠县地区土地利用变化进行生态服务价值评估。

(9)三峡库区后续发展生态效益评估模型构建及应用

基于构建的指标体系，利用熵技术和灰色模型对传统的层次分析法确定的指标权重值进行修正，应用模糊数学构建了生态效益评估模型，对三峡库区生态效益进行综合评估，提出加快三峡库区成库后生态环境可持续利用的引领措施与对策，为实现三峡库区后续经济社会发展、移民安稳致富、生态环境保护提供参考。

2. 科研成果创新点

(1)学术创新

本书在研究大型库区建立生态补偿机制必要性的基础上，梳理了国内外大型库区生态补偿标准、补偿机制及案例分析的发展动态，剖析了目前研究中存在的问题，提出了生态补偿标准量化的研究趋势，主要学术创新点如下。

a) 从"三峡库区后续发展"的视角，关注生态补偿机制研究。从制约三峡库区后续发展过程中生态安全的胁迫因子入手，摸清生态补偿与社会经济及脆弱生态的互动机制，揭示多元复杂因素驱动下三峡库区生态补偿的动态演化机制，为其他类似大型库区成库后生态补偿机制的完善提供科学指导和实证范型。

b) 从"差别化和动态化"的视角，构建生态补偿标准量化模型。将地理要素和社会经济条件差异系数引入生态补偿标准量化模型中，构建差别化模型，提出生态补偿强度的概念，构建动态化模型，对库区后续发展生态补偿标准变化规律进行动态模拟，不仅实现了研究过程和研究结果的定量化，而且使研究结果具有前瞻性。

c) 提出引入"选择性奖励机制"，构建更贴近实际的非对称演化博弈模型。通过三峡库区生态补偿利益群体间关系的博弈分析，探求实施群的保护成本和受益群的最大化收益，找出三峡库区最优化环境保护稳定策略，为生态补偿"补给谁"提供了一个新的途径，有利于生态补偿政策的实施和制订。

d) 建立一套体现三峡库区典型地域特色的生态效益评估指标体系。根据三峡库区典型区域成库前后土地利用格局过程演化特征，摸清土地利用转型与生态环境及强度社会经济互动机制，构建三峡库区土地利用转型生态效益评估指标体系，揭示多元复杂因素驱动下大型库区土地利用转型的生态效益。

(2) 学术价值

本书以"三峡库区后续发展"为关注点，评估出多元复杂因素驱动下大型库区生态补偿标准和生态效益，可为三峡库区乃至我国其他类似条件的大型水利枢纽工程区的生态补偿机制完善提供理论依据和典型案例，有重要的实践指导价值，类似这方面的系统性研究工作在所扫描的国内外文献中尚未见报道。具体学术价值如下。

1) 科学制定三峡库区不同区域间差别化的生态补偿分配标准

剖析区域差异与生态补偿标准间的反馈关系，科学地制定区域间差别化的生态补偿分配标准，保证三峡库区不同区域间获得平等的环境保护权，促进区域间可持续发展。

2) 建立三峡库区后续发展的生态补偿动态演化机制

对三峡库区生态补偿各群体间的经济利益关系进行分析，在长期反复博弈过程中不断选择和调整利益方的决策，探索其演化稳定策略，科学地建立三峡库区后续发展过程中生态补偿动态演化机制，推进三峡库区生态补偿制度和相关法律法规的完善。

3) 评估三峡库区成库后土地利用转型的生态效益

深入研究土地利用转型的驱动因子及驱动机理，评估三峡库区成库后土地利用转型的生态效益，可为三峡库区，乃至我国其他类似条件的大型水利枢纽工程区周边的生态环境效益评估提供理论依据，有重要的实践指导价值。

第二章 重庆三峡库区后续发展生态补偿胁迫因子及胁迫机理[*]

本章以重庆三峡库区为例，基于 DPSIR 模型，构建重庆三峡库区生态安全后续发展评价指标体系，并结合主成分分析的方法确定评价指标的权重，对重庆三峡库区生态安全后续发展进行综合评价，并确定胁迫因子。同时，用 Vensim 软件构建重庆三峡库区生态安全后续发展的系统动力学模型，分析重庆三峡库区生态补偿后续发展的胁迫机理，以期为重庆三峡库区后续发展生态补偿提供参考。

（一）研究区域概况

重庆三峡库区地理位置介于 105°49′～110°12′E，28°28′～31°44′N，是整个三峡库区面积最大的一部分，从东往西看，处于长江中下游平原和四川盆地的结合部，从北往南看，处于大巴山和云贵高原之间，横跨川东丘陵区和鄂渝峡谷两大地形区。

重庆三峡库区属于典型的亚热带湿润季风气候，年均降水量多在 1000～1200mm，降水季节分配不均；土壤以冲积土、紫色土和水稻土为主；地形地貌复杂，但动植物资源丰富，是西南地区重要的动植物资源库。

受三峡工程直接淹没或间接影响的地区，共有 15 个区、6 个县和 1 个自治县，包括渝北区、渝中区、大渡口区、九龙坡区、北碚区、沙坪坝区、

　＊ 本章部分内容引自：张梦婕，官冬杰，苏维词. 2015. 基于系统动力学的重庆三峡库区生态安全情景模拟及指标阈值确定. 生态学报，35(14)：4480-4890.

　刘慧敏，官冬杰，张梦婕. 2016. 三峡库区生态安全后续发展胁迫因子及胁迫机理研究. 广西师范大学学报(自然科学版)，34(3)：150-158.

江北区、巴南区、南岸区、江津区、武隆区、涪陵区、丰都县、长寿区、忠县、石柱土家族自治县(简称石柱县)、万州区、开州区、云阳县、奉节县、巫山县、巫溪县。常住人口近 1900 万人,面积约为 46191km²,占整个库区总面积的 85%(图 2-1)。

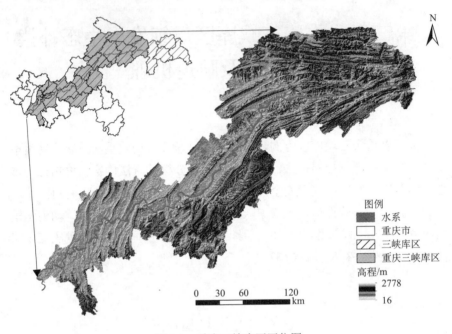

图 2-1　重庆三峡库区区位图

(二)重庆三峡库区后续发展生态环境评价

重庆三峡库区的生态环境问题由自然生态环境问题和社会生态问题构成。自然生态环境问题包括库区水土流失问题、地质灾害问题、植被破坏和水生生物生境破坏问题。社会生态环境问题包括人地矛盾问题、基础设施建设等问题。

1. 重庆三峡库区后续发展生态环境评价指标体系构建

本章以重庆三峡库区为例,从驱动力(driving forces)、压力(pressure)、状态(state)、影响(impact)和响应(responses)这 5 个方面建立了重庆三峡库区生态安全后续发展评价指标体系,如图 2-2 所示。

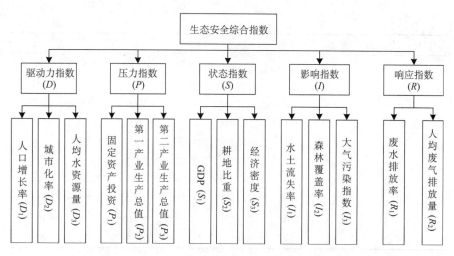

图 2-2　重庆三峡库区后续发展生态环境评价指标体系框架示意图

2. 重庆三峡库区后续发展生态环境指标权重

本章采取主成分分析法(principal component analysis，PCA)(徐建华，2006)确定重庆三峡库区生态安全后续发展评价各指标的权重，为后面的重庆三峡库区生态安全后续发展综合评价奠定基础。

（1）数据来源

本章以重庆三峡库区为评价对象，评价指标数据主要来源于《重庆统计年鉴 2004》（部分数据经简单计算得到），其结果如表 2-1 所示。

表 2-1　重庆三峡库区后续发展生态安全评价指标的原始数据（2003 年）

区（县、自治县）	D_1	D_2	D_3	P_1	P_2	P_3	S_1
渝中区	−1.53	100.00	5.78	713369	355	300449	1533793
大渡口区	0.55	100.00	74.10	238420	13610	389019	505451
江北区	2.00	100.00	71.00	777002	12591	591630	861367
沙坪坝区	1.63	100.00	88.00	667776	41825	663282	1170631
九龙坡区	2.85	100.00	98.40	837371	64181	923437	1556308
南岸区	1.88	100.00	94.00	898028	28706	534161	811938
北碚区	1.27	61.60	184.20	288839	44782	372693	707556
渝北区	3.82	52.10	278.60	1020255	100043	356935	677583
巴南区	−0.73	57.70	341.30	382844	162046	355738	705843
江津区	0.17	45.30	802.20	442912	245492	447795	1138256
万州区	5.65	43.50	400.40	631809	126700	453557	925530
涪陵区	2.08	46.20	1062.60	494737	121774	517895	978185

续表

区(县、自治县)	D_1	D_2	D_3	P_1	P_2	P_3	S_1
长寿区	4.08	40.30	405.60	328501	108344	329685	668778
丰都县	7.84	20.90	810.00	209480	78205	111859	299356
武隆区	5.36	22.70	2229.70	171732	55184	79083	208245
忠县	3.04	21.60	340.20	174491	97637	90704	319693
开州区	8.78	23.70	1456.70	247521	156090	185580	527667
云阳县	5.99	21.30	937.90	243320	104174	125590	315542
奉节县	8.68	21.10	2247.40	255198	99987	78039	301870
巫山县	5.25	18.50	2785.50	152783	53543	43249	173814
巫溪县	2.78	12.40	7247.30	47609	46914	28545	110783
石柱县	5.18	15.80	2441.70	103977	51770	57776	170017

(续表 2-1)重庆三峡库区后续发展生态安全评价指标的原始数据(2003 年)

区(县、自治县)	S_2	S_3	I_1	I_2	I_3	R_1	R_2
渝中区	12.09	70036.21	7.58	0.00	3.84	66.79	0.04
大渡口区	47.40	5354.92	52.16	6.30	3.84	94.91	17.76
江北区	67.62	4034.13	51.76	14.20	3.84	54.87	0.60
沙坪坝区	63.52	3052.89	33.44	18.20	3.84	95.20	0.41
九龙坡区	64.08	3512.87	55.98	14.80	3.84	89.73	2.69
南岸区	67.49	2912.47	40.31	13.70	3.84	99.82	1.03
北碚区	67.04	936.64	47.42	18.50	1.80	99.94	0.91
渝北区	75.39	466.65	58.42	11.10	1.22	97.28	0.27
巴南区	78.92	385.64	61.51	15.70	4.31	90.51	0.84
江津区	47.35	355.68	53.79	21.20	3.44	99.26	1.85
万州区	52.20	267.73	76.29	14.80	2.41	69.66	0.21
涪陵区	48.45	332.04	64.88	21.20	4.25	85.95	2.01
长寿区	75.41	472.47	35.53	12.00	1.90	92.95	1.73
丰都县	46.83	103.19	66.06	20.80	2.22	93.52	17.55
武隆区	28.51	71.78	66.98	31.50	2.67	87.79	0.61
忠县	60.61	146.38	79.46	15.60	4.76	92.90	0.26
开州区	42.92	133.28	68.14	20.80	2.47	92.64	0.32
云阳县	41.54	86.83	83.50	23.90	2.75	98.85	0.23
奉节县	28.33	73.86	69.49	24.90	3.34	91.91	0.31
巫山县	25.39	60.82	76.46	31.90	2.16	100.00	0.11
巫溪县	27.04	27.49	51.86	32.60	1.50	1.48	0.05
石柱县	33.64	56.43	77.47	27.19	2.77	70.66	0.07

(2)重庆三峡库区后续发展生态安全指标评价分析

1)相关性检验

采用直线型 Z-score 法(吕亚梅，2012)对数据进行标准化处理，在此基础上计算各指标的相关系数矩阵(表 2-2)。

表 2-2　重庆三峡库区后续发展生态安全各指标标准化数据

区(县、自治县)	D_1	D_2	D_3	P_1	P_2	P_3	S_1
渝中区	−1.7432	1.4559	−0.6798	1.0132	−1.4191	−0.0817	2.0351
大渡口区	−1.0199	1.4559	−0.6377	−0.6498	−1.1899	0.2913	−0.3786
江北区	−0.5156	1.4559	−0.6396	1.2361	−1.2076	1.1445	0.4568
沙坪坝区	−0.6443	1.4559	−0.6291	0.8536	−0.7022	1.4462	1.1827
九龙坡区	−0.2200	1.4559	−0.6227	1.4474	−0.3158	2.5417	2.0880
南岸区	−0.5574	1.4559	−0.6254	1.6598	−0.9290	0.9025	0.3408
北碚区	−0.7695	0.3121	−0.5698	−0.4733	−0.6511	0.2225	0.0958
渝北区	0.1173	0.0291	−0.5117	2.0878	0.3041	0.1562	0.0255
巴南区	−1.4650	0.1959	−0.4731	−0.1441	1.3758	0.1511	0.0918
江津区	−1.1520	−0.1734	−0.1891	0.0662	2.8182	0.5388	1.1067
万州区	0.7537	−0.2271	−0.4367	0.7277	0.7648	0.5630	0.6074
涪陵区	−0.4878	−0.1466	−0.0287	0.2477	0.6797	0.8340	0.7310
长寿区	0.2077	−0.3224	−0.4335	−0.3344	0.4475	0.0414	0.0048
丰都县	1.5153	−0.9002	−0.1843	−0.7511	−0.0734	−0.8759	−0.8623
武隆区	0.6528	−0.8466	0.6903	−0.8833	−0.4713	−1.0139	−1.0762
忠县	−0.1540	−0.8794	−0.4737	−0.8737	0.2625	−0.9649	−0.8146
开州区	1.8422	−0.8168	0.2141	−0.6179	1.2728	−0.5654	−0.3264
云阳县	0.8719	−0.8883	−0.1055	−0.6327	0.3755	−0.8180	−0.8243
奉节县	1.8074	−0.8943	0.7012	−0.5911	0.3031	−1.0183	−0.8564
巫山县	0.6146	−0.9717	1.0327	−0.9497	−0.4997	−1.1648	−1.1570
巫溪县	−0.2444	−1.1534	3.7813	−1.3179	−0.6143	−1.2267	−1.3049
石柱县	0.5902	−1.0522	0.8209	−1.1206	−0.5303	−1.1036	−1.1659

(续表 2-2)重庆三峡库区后续发展生态安全各指标标准化数据

区(县、自治县)	S_2	S_3	I_1	I_2	I_3	R_1	R_2
渝中区	−2.0172	4.4517	−2.8056	−2.2950	0.7921	−0.8099	−0.4423
大渡口区	−0.1423	0.0766	−0.3305	−1.5208	0.7921	0.4514	3.0781
江北区	0.9313	−0.0127	−0.3527	−0.5501	0.7921	−1.3446	−0.3311
沙坪坝区	0.7136	−0.0791	−1.3698	−0.0586	0.7921	0.4644	−0.3688

续表

区（县、自治县）	S_2	S_3	I_1	I_2	I_3	R_1	R_2
九龙坡区	0.7433	−0.0480	−0.1184	−0.4764	0.7921	0.2191	0.0842
南岸区	0.9244	−0.0886	−0.9884	−0.6115	0.7921	0.6717	−0.2456
北碚区	0.9005	−0.2222	−0.5937	−0.0217	−1.2427	0.6770	−0.2695
渝北区	1.3439	−0.2540	0.0170	−0.9310	−1.8212	0.5577	−0.3966
巴南区	1.5313	−0.2595	0.1886	−0.3658	1.2608	0.2540	−0.2834
江津区	−0.1450	−0.2615	−0.2400	0.3100	0.3931	0.6465	−0.0827
万州区	0.1125	−0.2675	1.0092	−0.4764	−0.6343	−0.6812	−0.4085
涪陵区	−0.0866	−0.2631	0.3757	0.3100	1.2010	0.0495	−0.0509
长寿区	1.3449	−0.2536	−1.2538	−0.8204	−1.1430	0.3635	−0.1066
丰都县	−0.1726	−0.2786	0.4412	0.2609	−0.8238	0.3891	3.0364
武隆区	−1.1453	−0.2807	0.4923	1.5757	−0.3749	0.1320	−0.3291
忠县	0.5591	−0.2757	1.1852	−0.3781	1.7097	0.3613	−0.3986
开州区	−0.3802	−0.2766	0.5567	0.2609	−0.5744	0.3496	−0.3867
云阳县	−0.4535	−0.2797	1.4095	0.6418	−0.2951	0.6281	−0.4046
奉节县	−1.1549	−0.2806	0.6316	0.7647	0.2933	0.3168	−0.3887
巫山县	−1.3110	−0.2815	1.0186	1.6248	−0.8836	0.6797	−0.4284
巫溪县	−1.2234	−0.2837	−0.3472	1.7108	−1.5419	−3.7395	−0.4403
石柱县	−0.8729	−0.2818	1.0747	1.0461	−0.2752	−0.6363	−0.4363

各指标 Bartlett 球度检验概率 sig 为 0.000，在 0.05 的显著性水平上通过了 KMO 检验和 Bartlett 球度检验。

2）主成分提取

利用 SPSS19.0 软件计算各指标中各主成分的特征值、方差贡献率及方差累积贡献率，其结果如表 2-3 所示。

表 2-3　各指标中各成分的特征值、方差贡献率及方差累积贡献率

成分	特征值	方差贡献率/%	方差累积贡献率/%
1	5.996	42.826	42.826
2	2.430	17.357	60.183
3	1.401	10.008	70.191
4	1.096	7.828	78.019
5	0.924	6.598	84.617
6	0.700	5.000	89.617
7	0.565	4.036	93.653
8	0.416	2.969	96.621

成分	特征值	方差贡献率/%	方差累积贡献率/%
9	0.199	1.424	98.046
10	0.148	1.056	99.102
11	0.065	0.461	99.563
12	0.041	0.292	99.855
13	0.018	0.128	99.983
14	0.002	0.017	100.000

由表 2-3 可知，特征值大于 1 的主成分有 4 个，并且这 4 个方差的累积贡献率大于 75%，达到 78.019%，所以选取这 4 个主成分来反映三峡库区生态安全后续发展的能力。

由表 2-4 可知，在主成分 1 中，第二项指标的载荷值最大，即 D_2 起重要作用，且主成分 1 与 D_2 显现出较强的正相关，与 I_2 显现出较强的负相关；在主成分 2 中，R_1 的载荷值最大，且主成分 2 与 R_1 有很强的正相关，并起到了主要作用，与 S_3 呈很强的负相关；在主成分 3 中，主成分 3 与 R_2 表现出了很强的负相关；在主成分 4 中，主成分 4 与 P_2 和 I_3 呈现出了较强的正相关，负相关不是很明显。

表 2-4　重庆三峡库区后续发展生态安全各指标的主成分载荷

指标	主成分 1	主成分 2	主成分 3	主成分 4
D_1	−0.694	0.271	−0.119	−0.076
D_2	0.932	−0.116	−0.062	−0.196
D_3	−0.740	−0.489	0.303	−0.151
P_1	0.799	0.111	0.306	−0.155
P_2	−0.200	0.593	0.315	0.465
P_3	0.832	0.249	0.261	−0.198
S_1	0.883	−0.029	0.241	0.186
S_2	0.463	0.655	0.193	−0.395
S_3	0.487	−0.695	−0.183	0.387
I_1	−0.700	0.506	−0.015	0.100
I_2	−0.842	0.027	0.274	−0.024
I_3	0.501	0.086	−0.141	0.477
R_1	0.209	0.702	−0.387	0.266
R_2	0.049	0.094	−0.810	−0.317

3) 确定指标的权重

首先求得各主成分值(得分)，将标准化后的数据与主成分载荷矩阵相乘，得到主成分得分矩阵，其结果如表 2-5 所示。

表 2-5　重庆三峡库区后续发展生态安全各指标的主成分得分矩阵

指标	主成分 1	主成分 2	主成分 3	主成分 4
D_1	11.2283	−7.5561	−0.9873	2.1243
D_2	4.2888	−0.5082	−3.9839	−1.0808
D_3	6.0074	−0.7845	0.8974	−1.3141
P_1	7.1156	0.1554	0.6623	−0.4964
P_2	8.4000	1.2989	1.0161	−0.5639
P_3	6.8871	0.5010	0.1887	−0.8024
S_1	1.5167	0.4342	−0.0203	−1.0001
S_2	2.5393	1.9667	1.0234	−1.3455
S_3	2.7954	2.1754	0.6631	0.8748
I_1	1.7331	2.0346	1.2757	1.8598
I_2	0.1581	1.2872	1.1580	−0.0923
I_3	1.5417	0.9737	0.7057	0.8833
R_1	1.1239	1.0916	0.1213	−0.7843
R_2	−4.7566	1.0838	−3.2811	−1.0693

之后，利用表 2-3 中的主成分特征值数据和式(2.1)算出综合主成分值(得分)系数：

$$l = \frac{\lambda_i}{\sum\limits_{i=1}^{n} \lambda_i} \quad (i=1,2,\cdots,n, n=4) \tag{2.1}$$

式中，λ_i 为各主成分的特征值，因为主成分有 4 个，所以这里的 $n=4$，则可以得到下面 4 个综合的主成分得分系数。

根据得到的综合主成分得分系数(表 2-6)和主成分得分矩阵(表 2-5)可以求出综合主成分值：

$$\begin{cases} Z_1 = l_1 F_{11} + l_2 F_{12} + l_3 F_{13} + l_4 F_{14} \\ Z_2 = l_1 F_{21} + l_2 F_{22} + l_3 F_{23} + l_4 F_{24} \\ \quad\quad\quad\quad\vdots \\ Z_p = l_1 F_{p1} + l_2 F_{p2} + l_3 F_{p3} + l_4 F_{p4} \end{cases} \quad (p=1,2,\cdots,14) \tag{2.2}$$

这里的 Z_p 为各指标的综合主成分值，因为指标一共有 14 个，所以这里的 $p=14$。

表 2-6　重庆三峡库区后续发展生态安全各指标的综合主成分得分系数

综合主成分得分系数	数值
l_1	0.5489
l_2	0.2225
l_3	0.1283
l_4	0.1003

最后，可以用得到的各指标的综合主成分值算出各指标所占的权重（ω'）。由于得到的指标权重之和不等于 1，要进行指标权重归一化。

$$\omega_p = \frac{Z_p}{\sum\limits_{p=1}^{n} Z_p} \quad (n=1,2,\cdots,p) \tag{2.3}$$

由表 2-7 可知，重庆三峡库区生态安全后续发展评价指标准则层的权重最大的是压力指数，其次是驱动力指数，状态指数和响应指数次之，影响指数最小。压力指数、驱动力指数和状态指数的权重之和为 0.789，对重庆三峡库区后续发展的影响最大，为维持重庆三峡库区的生态安全，不

表 2-7　重庆三峡库区后续发展生态环境各指标的权重

准则层	指标层	综合主成分值 Z_p（得分）	绝对值 Z	指标权重 ω'	指标权重归一化 ω
驱动力指数的指标权重 0.2724	D_1	4.5691	4.5691	0.1337	0.1339
	D_2	1.6218	1.6218	0.0475	0.0475
	D_3	3.1064	3.1064	0.0909	0.0910
压力指数的指标权重 0.3746	P_1	3.9757	3.9757	0.1163	0.1165
	P_2	4.9738	4.9738	0.1455	0.1457
	P_3	3.8357	3.8357	0.1122	0.1124
状态指数的指标权重 0.1420	S_1	0.8262	0.8262	0.0242	0.0242
	S_2	1.8277	1.8277	0.0535	0.0535
	S_3	2.1913	2.1913	0.0641	0.0642
影响指数的指标权重 0.1028	I_1	1.7542	1.7542	0.0513	0.0514
	I_2	0.5124	0.5124	0.0150	0.0150
	I_3	1.2421	1.2421	0.0363	0.0364
响应指数的指标权重 0.1083	R_1	0.7967	0.7967	0.0233	0.0233
	R_2	−2.8981	2.8981	0.0848	0.0849
总值			34.1312	0.9986	0.9999

仅要注重重庆三峡库区本身所具备的条件，更需要注意的是重庆三峡库区发展中所施加的压力是否能促进重庆三峡库区的发展。响应指数和影响指数所占的权重差不多，但相对于前 3 个指数而言作用并不是很明显。

在重庆三峡库区生态安全后续发展的指标层中，指标 D_1、P_1、P_2 和 P_3 在整个指标体系中所占的权重最大，指标权重全部大于 0.1，指标 I_2 所占的权重最小。

3. 重庆三峡库区后续发展生态环境综合评价

根据重庆三峡库区生态安全后续发展指标体系的标准化数据（表 2-2）和各指标权重（表 2-7），应用加权求和的方法，得出各区（县、自治县）在重庆三峡库区的生态安全得分（μ）。

$$\mu = D_1\omega_1 + \cdots + P_1\omega_4 + \cdots + S_1\omega_7 + \cdots + I_1\omega_{10} + \cdots + R_1\omega_{13} + R_2\omega_{14} \quad (2.4)$$

式中，μ 为重庆三峡库区各区（县、自治县）生态安全得分；D_1、P_1、S_1、I_1、R_1 等为重庆三峡库区各区（县、自治县）各指标的标准化后的数据（表 2-1）；ω_1、ω_2、…、ω_{14} 为各指标所占的权重。各区（县、自治县）生态安全得分取绝对值的结果如表 2-8 所示。

表 2-8　重庆三峡库区后续发展生态安全各区（县、自治县）生态安全得分（μ）

区（县、自治县）	渝中区	大渡口区	江北区	沙坪坝区	九龙坡区	南岸区
得分	0.3031	0.0928	0.0417	0.0841	0.5064	0.1127
区（县、自治县）	北碚区	渝北区	巴南区	江津区	万州区	涪陵区
得分	0.3120	0.2318	0.0702	0.3161	0.2845	0.2074
区（县、自治县）	长寿区	丰都县	武隆区	忠县	开州区	云阳县
得分	0.0592	0.1622	0.2704	0.1929	0.2182	0.0565
区（县、自治县）	奉节县	巫山县	巫溪县	石柱县		
得分	0.0527	0.2764	0.4124	0.3121		

由表 2-8 可知，九龙坡区安全得分位列第一，综合得分 0.5064，对重庆三峡库区生态安全的影响最大；巫溪县、石柱县、渝中区、北碚区紧随其后，综合得分分别为 0.4124、0.3121、0.3031 和 0.3120；江北区、长寿区、云阳县、奉节县这 4 个区（县）的生态安全得分最小，对重庆三峡库区生态安全后续发展影响小。

（三）重庆三峡库区后续发展生态补偿胁迫因子

胁迫是指生态系统功能在外部因素的作用下其结构发生改变，导致其功能失调的现象。重庆三峡库区生态安全后续发展问题，实质上就是区域生态经济在之后的发展中受到各类因子的胁迫过程，或者说重庆三峡库区的生态安全后续发展受到胁迫因子的威胁作用。根据胁迫因子的影响类型，可以将重庆三峡库区生态安全后续发展胁迫因子分为自然胁迫因子、社会胁迫因子、经济胁迫因子和环境胁迫因子四大类。

1. 自然胁迫因子

a）地质地貌结构。重庆三峡库区位于长江中上游下段，东起巫山县，西至江津区，北到开州区，南至武隆区。地貌大多以山地、丘陵为主，地表起伏且地形破碎。重庆三峡库区地形大致为东高西低，由西向东地貌表现为低山丘陵往低、中山地貌过渡，并从南北向长江倾斜。在重庆三峡库区的丘陵地段，地貌相对较为和缓，主要集中分布在 500m 以下，其土质较为适合农作物的生长，垦殖系数较高。但是重庆三峡库区15°～25°与7°～15°的斜坡和缓坡土地分布面积最大，约占重庆三峡库区面积的 55.98%（图 2-3），并且自然植被较少，在重力侵蚀作用、坡面流水作用和人为干扰作用下，大量水土流失。

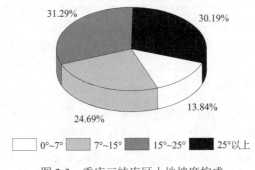

图 2-3　重庆三峡库区土地坡度构成

b）气候。重庆三峡库区地处中纬度，具有冬暖春早、夏热伏旱等特征，并且重庆三峡库区的地势高低悬殊，造成了其多年的气温差异明显。暴雨洪涝以重庆三峡库区东段较多，发生频率为85%。大量降水导致水土流失严重，再加上重庆三峡库区常常发生滑坡、泥石流等自然灾害，其生态安全遭到了极大的破坏。

c) 植被。重庆三峡库区植被种类丰富，尤以亚热带常绿阔叶林类型的物种密集程度最高，生态效益最显著。但其处于逆向更替状态，表现为森林向裸岩方向退化。重庆三峡库区生态功能的不断降低，导致了其生物多样性锐减，水土保持能力下降，水源涵养能力削弱，气候调节能力减弱，固碳能力下降，病虫害加剧等(官冬杰和苏维词，2007)。

d) 土壤。重庆三峡库区主要土壤类型有水稻土、紫色土、石灰土等，其中紫色土是重庆三峡库区分布面积最广的土壤类型，约占库区总面积的 36.03%。但是重庆三峡库区的土层浅薄，不适合种植农作物，农作物产量低下，并常伴有坍塌和滑坡。若水土继续流失，其有可能彻底丧失生产能力。

2. 社会胁迫因子

a) 人口与劳动力。重庆三峡库区人口分布极不平衡。重庆三峡库区劳动力资源丰富，超过区内农业人口 50% 以上。但重庆三峡库区粮食产量低于全市平均水平，狭窄的土地却要承受过多的人口，造成人与粮食的矛盾日益明显。

b) 重庆三峡库区移民。随着重庆三峡库区水位的升高，许多居民以前居住的土地都已经不存在。并且三峡工程进行时，对大部分居民实行后靠安置工作，造成了过度开垦土地，使已经十分脆弱的三峡库区生态环境雪上加霜。

c) 基础设施建设。修建道路等活动会扰动三峡库区的地面，破坏原有的植被。工程及城市建设，尤其是高等级公路的修建，以及沿江房地产业的开发，成了加剧重庆三峡库区水土流失的重要因素之一。

3. 经济胁迫因子

a) 经济发展不均。2012 年重庆三峡库区的生产总值占全市的 39.7%，而重庆三峡库区生态经济区的生产总值就占了 78.88%，可见重庆三峡库区内经济发展极不平衡，特别是包括云阳县在内的 8 个县是国家的重点扶贫县，虽然近几年的扶贫工作已经初见成效，但还是对重庆三峡库区的整体发展造成了一定的影响。

b) 产业结构不合理。重庆三峡库区固定资产投资中城镇和农村的差异很大，农村只占了 9.79%，而在库区生产总值中第二产业超过了重庆三峡库区地区生产总值的 50% 以上，为了平衡重庆三峡库区内的经济发展，使各产业能均衡发展，势必会对资源进行过度开发与利用，更会造成水土流失等一系列问题。

4. 环境胁迫因子

资源环境限制因子主要来自大气污染、水污染和固体废弃物污染等方面，从《重庆统计年鉴》获取得到资源环境相关数据，将其空间化得到图 2-4～图 2-6。

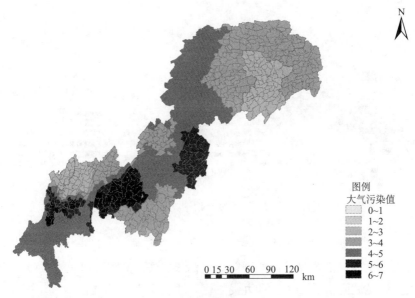

图 2-4　重庆三峡库区大气污染分布图(2004 年)

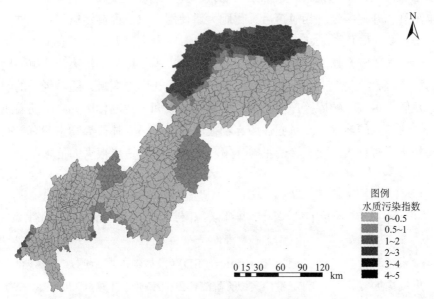

图 2-5　重庆三峡库区水污染状况分布图(2004 年)

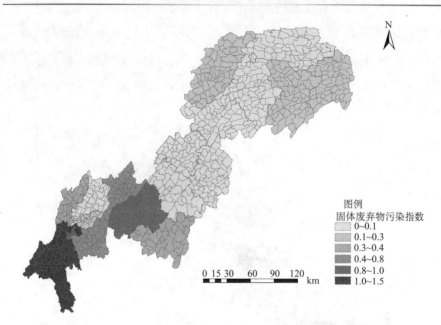

图2-6　重庆三峡库区固体废弃物污染状况分布图（2004年）

　　a）大气污染状况。重庆三峡库区受地形的影响，大量重工业排放的大气污染物不易扩散，易造成酸雨等大气污染灾害。由图2-4可知，大气污染最大的是武隆区、渝中区和九龙坡区，主要分布在库尾区域。

　　b）水污染状况。水污染源包括工业废水、农业废水和生活污水。由图2-5可知，水污染最严重的是巫溪县和开州区，集中分布在库腹东部。巫溪县和开州区经济相对落后，化肥大量使用，农业面源污染严重，并且重庆三峡库区位于长江上游，水污染严重影响着上下游的用水安全。

　　c）固体废弃物污染状况。由图2-6可知，固体废弃物污染最严重的区（县、自治县）是九龙坡区和江津区，主要分布在库尾区域。随着经济的快速发展，重庆三峡库区产生了大量的建筑垃圾和工业固体废弃物，随着重庆三峡库区的蓄水，大量固体废弃物被河水淹没，固体废弃物中的有毒有害物质将对重庆三峡库区的生态环境和水环境质量造成很大的危害。

（四）重庆三峡库区后续发展生态补偿系统动力学模型的建立

　　系统动力学模型（system dynamics，SD）可以实现对高阶次、非线性、多重反馈的复杂系统的定量研究（张新洁，2010；何仁伟等，2011）。系动力学模型常用的软件包括 Stella、Dynamo、Vensim、Powersim 等，本章采用 Vensim PLE 软件对系统进行建模。

1. 重庆三峡库区后续发展生态补偿胁迫因子反馈关系

本章构建的重庆三峡库区后续发展生态补偿系统动力学模型包括自然因子子系统、社会因子子系统和经济因子子系统三部分，重庆三峡库区生态安全后续发展胁迫因子的因果关系如图 2-7 所示。

2. 重庆三峡库区生态补偿后续发展模型构建

本模型模拟的时间为 2003～2015 年，仿真步长为 1 年，数据主要来源于《重庆统计年鉴》。

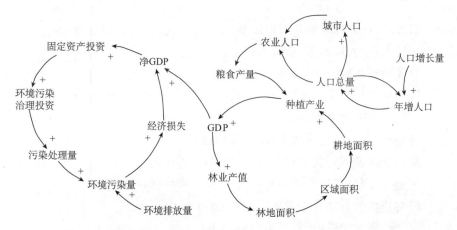

图 2-7　重庆三峡库区生态安全后续发展系统动力学模型反馈关系

（1）系统动力学模型流程图

在分析反馈关系的基础上，构建了重庆三峡库区生态补偿后续发展系统动力学模型，如图 2-8 所示。

（2）各子系统主要方程

1）人口子系统

该子系统用人口总量作为状态变量，年增长人口作为速度变量。其主要方程如下。

人口总量=过去人口总量+年增长人口

年增长人口=过去人口总量×人口增长率

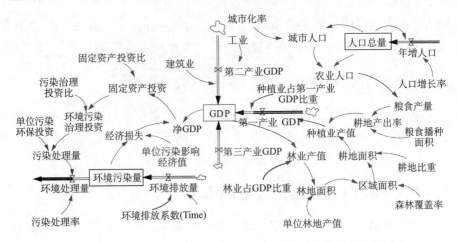

图 2-8　重庆三峡库区生态补偿后续发展系统动力学模型流程图

城市人口=人口总量×城镇化率

农村人口=人口总量−城市人口

2)环境子系统

该子系统状态变量选取环境污染量，速度变量为环境排放量和环境处理量。其主要方程如下。

环境污染量=环境排放量−环境处理量

环境处理量=(污染处理量×污染处理率)/10000

污染处理量=环境污染治理投资/单位污染环保投资

经济损失=(环境污染量×单位污染影响经济值)/2

环境排放量=环境排放系数(Time)

环境污染治理投资=固定资产投资×污染治理投资比

3)经济子系统

在经济子系统中，将国民生产总值(即 GDP)设定为状态变量，第一产业 GDP、第二产业 GDP、第三产业 GDP 设定为速度变量。其主要方程如下。

GDP=第一产业 GDP+第二产业 GDP+第三产业 GDP

第一产业 GDP=种植业产值/种植业占第一产业 GDP 比重

第二产业 GDP=工业产值+建筑业产值

净 GDP=GDP−经济损失

3. 重庆三峡库区生态安全后续发展模型检验

在模型运行的基础上，需要对系统进行检验，用以检验构建的系统结构能否真实体现系统的功能。系统动力学检验包括历史行为检验和灵敏度检验，本章主要进行的是历史行为检验，通过模拟数据与实际统计数据的对比，根据得到的相对误差，来判断模型数据对未来模拟的可信度。

由于三峡工程导致大量居民迁移等，2002～2004 年其人口变化波动较大，为了模型检验的准确性，从 2005 年的数据开始对比，通过查阅 2006～2010 年的《重庆统计年鉴》获取历史统计数据。2005～2009 年重庆三峡库区生态安全后续发展系统动力学模型运行结果与真实情况比较如表 2-9 所示。

表 2-9　模拟人口与实际人口的误差检验表

项目	2005 年	2006 年	2007 年	2008 年	2009 年
人口模拟值/万人	1862.77	1875.28	1887.89	1900.57	1913.34
人口实际值/万人	1858.98	1876.64	1897.51	1910.28	1923.50
误差/万人	3.79	−1.36	−9.62	−9.71	−10.16
相对误差/%	0.20	0.07	0.51	0.51	0.53

由表 2-9 可以看出，模型对已过时段行为模拟的结果与统计的实际数据吻合较好，相对误差最大的是 2009 年人口，仿真值与真实值相对误差为0.53%，在允许的误差范围 10%以内，模型是真实可信的。

4. 重庆三峡库区生态补偿后续发展模拟

在模型检验通过的基础上，对各个子系统内的状态变量进行模拟，绘制各子系统的模拟图，模拟时间设定为 2000～2015 年，步长为 1 年。

(1)人口子系统模拟结果分析

由图 2-9 可知，2000～2015 年重庆三峡库区人口一直呈上升趋势，为了更好地发展重庆三峡库区的经济，城镇化进程会随之加快，人口向城镇集中，城镇人口也会明显多于农村人口。

(2)环境子系统模拟结果分析

由图 2-10 可知，2000～2015 年重庆三峡库区的污染量呈逐年增加趋势，污染物增长的速度会越来越快。

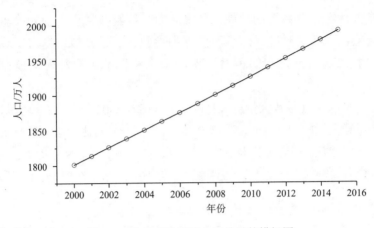

图 2-9　　重庆三峡库区人口总量的模拟图

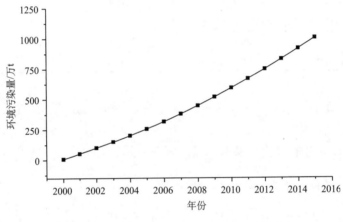

图 2-10　　重庆三峡库区环境污染量的模拟图

(3)经济子系统模拟结果分析

由图 2-11 可知，重庆三峡库区的 GDP 在未来若干年将呈快速增长趋势。

(五)重庆三峡库区生态补偿后续发展胁迫机理分析

随着重庆三峡库区社会经济的快速发展，重庆三峡库区受到来自外因、外力或外部刺激因素的胁迫作用越来越强。根据前文所描述的胁迫因子，进一步分析重庆三峡库区生态补偿后续发展的胁迫机理。

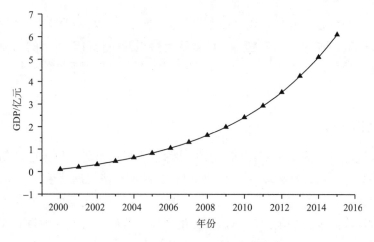

图 2-11 重庆三峡库区 GDP 的模拟图

1. 自然因子角度

重庆三峡库区的地形以低山、丘陵为主，山地面积占重庆三峡库区总面积的 71.3%，丘陵台地面积占 22.8%。平原面积分布极小，仅有 2.9%。因为重庆三峡库区的地形地貌特点，其耕地大部分为坡耕地，但是国家规定在坡耕地中坡度大于 25° 的属于国家禁垦区，在重庆三峡库区中这种类型的土地占坡耕地的 34%，并且耕层小于 30 cm 的占 41%，不少地段的坡耕地都已见基岩裸露，以上条件的坡耕地都不具有开发潜力。一方面，重庆三峡库区特殊的地形决定了其景观稳定性较弱，生态系统的抗逆性差，崩塌、滑坡在重庆三峡库区的很多区域都有发生。另一方面，三峡库区降水量大，又多暴雨，坡度大的生境物质输入输出平衡容易被打破，会造成水土流失，地表容易母质化、粗骨化(王文杰，2007)。再加上重庆三峡库区特有大量抗蚀性差的紫色土，旱作土地贫瘠，农作物产量低，这些都限制了重庆三峡库区生态安全的后续发展。

2. 社会因子角度

在重庆三峡库区生态安全后续发展的胁迫因子中，其中社会因子中的人口因素对重庆三峡库区生态安全的影响尤为重要。根据《重庆统计年鉴》，2012年末重庆三峡库区总人口为 1675.41 万人，平均人口密度为 363.76 人/km²，为全国平均人口密度的 2.5 倍，三峡工程使重庆三峡库区产生了大量移民，而且特殊的地势地貌使重庆三峡库区内耕地面积较少，人均耕地面积仅是全国的 4/5 和世界的 2/5。人口带来的生存压力使得重庆三峡库区土地的垦殖系数平均只有 38.2%，超过全国平均数的一倍多，人地矛盾十分尖锐（朱家明，2008）。如果这些问题不设法解决，垦荒开田和自然资源的掠夺开发将会越演越烈，而重庆三峡库区的生态环境将会遭到更严重的破坏，重庆三峡库区人民的生活也会变得更加贫困（图 2-12）。

3. 经济因子角度

区域经济发展不平衡使部分区域技术资金投入不足，导致区域的环境污染物处理率低，对环境污染大；同时部分区域经济发展落后，基础设施，如道路建设、网络建设等不足，直接影响着区域内居民与外界的交流，不能及时接收到最新的消息，导致居民生产技术落后，流域内大量农药和化肥的不合理使用对流域内水资源安全的影响较大。

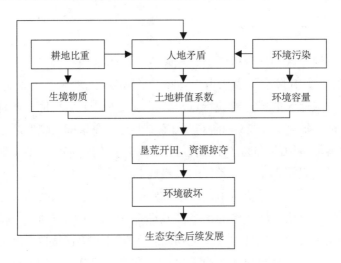

图 2-12　人地矛盾对生态补偿后续发展胁迫机理

重庆三峡库区产业结构不合理加剧了它的环境压力，2012 年重庆三峡库区的固定资产投资为 3853.47 亿元，其中第二产业占了 56.1%，同时区域内的产业结构以第二产业为主。而工业产生的工业废水、废气和固体废弃物，对重庆三峡库区的环境影响很大，应注重提高工业污染物的排放达标率。

4. 环境因子角度

三峡库区生态补偿后续发展受到的环境威胁主要是水污染。工业废水的大量排放和农业化肥等营养物质的流入，导致三峡库区水体受到不同程度的污染，部分水体甚至出现了富营养化状况。这些都会造成三峡水库的水环境容量降低，水质下降。三峡库区的地形地貌造成了大量的水土流失，更加剧了水资源的进一步恶化，这将对三峡库区整个生态环境产生巨大的影响。

三峡水库是我国乃至世界最大的水利枢纽工程，水库建成后，三峡库区形成了一个巨大的消落带（王文杰，2007）。庞大的消落带与炎热的夏季气候、降水共同作用，将对整个消落区及周边区域的生态环境产生很大的压力。重庆的气候特征为，夏季炎热、多雨，烈日曝晒，这极易导致消落区水库区水位顶托，留在消落带岸边的大量农业废弃秸秆、漂浮物等发生生化作用，腐烂变质、产生恶臭、滋生蚊虫等污染环境。因此，消落带产生的环境问题是影响三峡库区生态安全、人民生命健康的最为迫切的问题。三峡大坝的建设淹没了三峡库区的大量优质农田，移民后更是产生了新一轮的土地开发，三峡库区本身人地矛盾非常尖锐，这样就使得三峡库区受到的生态环境压力更大。

（六）本 章 小 结

本章以重庆三峡库区为例，首先基于重庆三峡库区生态安全后续发展建立 DPSIR 模型的指标体系，对 2003 年重庆三峡库区的数据应用主成分分析法、加权求和法对重庆三峡库区生态安全后续发展进行评价，然后从自然、社会、经济 3 个方面确定胁迫因子，最后用 Vensim 软件建立重庆三峡库区生态安全后续发展的系统动力学模型，在检验通过的基础上进行模拟，并对其胁迫机理进行研究。具体结论如下。

a) 依据 DPSIR 模型的原理，构建重庆三峡库区指标体系，用主成分分析法确定各指标权重，其中压力指标的权重最大，驱动力指标随后，表明对重庆三峡库区生态安全后续发展的影响最大。应用加权求和法得到了各区（县、自治县）的生态安全得分，并用以上结果对重庆三峡库区生态安全后续发展进行综合评价。

b) 分析重庆三峡库区现阶段面临的主要问题，根据其所受到的胁迫，从自然、社会、经济这三点入手，确定重庆三峡库区生态安全后续发展的胁迫因子分别为自然因子（地质地貌、气候、土壤等）、社会因子（人口与劳动力、库区移民、基础设施建设等）、经济因子（经济发展与产业结构）和环境因子。

　　c) 利用 Vensim 软件建立系统动力学模型,建立环境污染量、人口总量、GDP 这 3 个状态函数,相应地选择了环境排放量、人口增长率等 6 个速度变量,在检验通过的基础上,对模型进行模拟和分析,结果显示,重庆三峡库区未来环境污染总量随着 GDP 的增长而继续增加。

　　d) 根据相关的胁迫因子,通过分析重庆三峡库区生态安全受到胁迫的影响过程,论述重庆三峡库区生态安全后续发展的胁迫机理。

第三章 重庆三峡库区后续发展生态补偿标准指标化研究*

本章以重庆三峡库区为研究范围，以生态、经济、社会为切入点构建生态补偿标准多维度量化指标体系；引入层次分析思想，应用机会成本法、生态服务价值法和条件价值法构建生态补偿标准多维度量化模型，采用文献收集与实地调研相结合的手段，经过系数修正，并进行定量和定性的测算分析，确定出生态补偿标准额度，剖析区域间生态补偿标准空间格局演变过程，科学制定重庆三峡库区不同区域生态补偿的分配标准，提出重庆三峡库区生态补偿标准的调控机制，为实现重庆三峡库区后续经济发展、生态环境保护提供参考。

(一)生态补偿标准指标构建方法

1. 机会成本法

不同的生态环境保护措施对经济发展的影响不同，因而导致的机会成本也不同。据此建立生态补偿与机会成本的基本数量关系模型：

$$EC \geqslant OC \tag{3.1}$$

$$OC_s = Y - Y_d \tag{3.2}$$

式中，EC 为生态补偿；OC 为机会成本；OC_s (s=single) 为单项机会成本；Y 为工业正常增长下的该项指标水平；Y_d (d=down) 为工业增长受限(亦即被迫放弃部分或全部工业增长机会)下的该项指标水平。

* 本章部分内容引自：程丽丹，刘慧敏，刘丽颖，官冬杰. 2018. 三峡库区(重庆段)生态补偿额度多维度量化. 地理科学前沿，8(6): 1067-1077.

一个地区的工业增长会不同程度地影响到其他多项经济指标，即各相关产出指标 $Y_i (= Y_1, Y_2, \cdots, Y_n)$ 都分别是工业增长水平 x 的函数：

$$Y_i = f(x) \tag{3.3}$$

基于历史数据，通过回归分析计算得到本地工业增长水平 x 对 Y_i 的影响程度 E_i。基于此，可以测算出工业增长受限下的 Y_{di} 水平。

$$Y_{di} = Y_i E_i (X - X_d) \tag{3.4}$$

2. 生态服务价值法

本章参考谢高地等（2008）对 Costanza 等（1997）提出的生态系统服务价值系数，建立了修正后的生态服务价值当量表，计算单位面积生态系统服务价值。

$$\mathrm{VAL} = \sum (\mathrm{ACR}_k \times \mathrm{COEF}_k) / \mathrm{ACR}_{\mathrm{total}} \tag{3.5}$$

式中，VAL 为研究区单位面积生态系统总服务价值（元）；ACR_k 为研究区第 k 种土地利用类型面积（km^2）；COEF_k 为研究区第 k 种土地利用类型的生态服务价值系数；$\mathrm{ACR}_{\mathrm{total}}$ 为研究区的土地总面积（km^2）。

3. 条件价值评估法

条件价值评估法以消费者效用恒定的福利经济学理论为基础，构造生态环境物品的假想市场，通过调查获得消费者的支付意愿或受偿意愿来实现非市场物品的估值。最大支付意愿的补偿标准由利用实地调查得到的人均最大支付意愿与人口的乘积求得，估算公式为

$$P = \mathrm{WTP} \times \mathrm{pop} \tag{3.6}$$

式中，P 为补偿支付的数额；WTP 为最大支付意愿；pop 为人口数。

（二）重庆三峡库区生态补偿社会经济条件量化指标体系

以重庆三峡库区 22 个主要区（县、自治县）为样本区域，利用 2006～2013 年的重庆三峡库区各区（县、自治县）生产总值 y 和工业生产总值 x，年份以 2006 年为第一年，即 $t=1$，应用 SPSS 软件进行回归分析，应用线性相关计算式：$y = a + bt + cx$，可以得到生产总值 y 与 x 和 t 的关系。采用移动平均法来预测 2015 年的工业生产总值 x。根据生态补偿公式：

$$OC_{(损失价格)} = 正常生产总值y - 非正常生产总值y_d \qquad (3.7)$$

$$EC_{(生态补偿价格)} \geqslant OC \qquad (3.8)$$

因保护环境而默认损失一半的工业生产总值，即非正常生产总值 $y_d = \frac{1}{2}y$。取最低生态补偿价格等于财政收入损失 OC，即得到 2015 年重庆三峡库区生态补偿值（表 3-1）。

表 3-1　2015 年重庆三峡库区生态补偿价格　（单位：万元）

区(县、自治县)	生态补偿值	区(县、自治县)	生态补偿值	区(县、自治县)	生态补偿值	区(县、自治县)	生态补偿值
渝中区	762.79	北碚区	15337.05	万州区	4343.87	巫山县	622.09
大渡口区	1976.49	渝北区	40814.14	丰都县	495.14	巫溪县	504.96
江北区	432.14	巴南区	1914.24	忠县	1154.16	武隆区	623.84
沙坪坝区	1973.69	涪陵区	580.24	开州区	1531.19	石柱县	292.01
九龙坡区	5493.41	长寿区	654.15	云阳县	707.00		
南岸区	19287.54	江津区	733.28	奉节县	622.09		

2015 年重庆三峡库区生态补偿值总计 100855.51 万元，约为 10.09 亿元。主城九区均隶属于重庆三峡库区内，主城区中渝北区生态补偿最高，为 40814.14 万元，江北区最低，为 432.14 万元；区（县、自治县）内万州区生态补偿最高，为 4343.87 万元，石柱县最低，为 292.01 万元。2015 年重庆三峡库区生态补偿价格分布如图 3-1 所示。

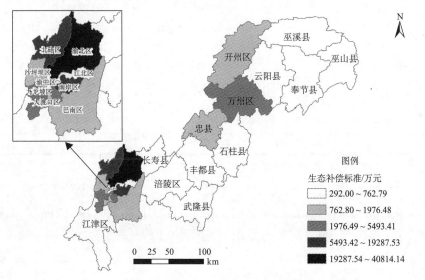

图 3-1　2015 年重庆三峡库区生态补偿价格分布图

(三)重庆三峡库区生态补偿自然地理要素量化指标体系

采用谢高地等(2008)最新修订的中国生态系统单位面积生态服务价值当量因子表,并结合重庆三峡库区实际特征进行修正。

由于一个特定地理背景有着特有的区域生态系统,人类活动和其他生物的利用不同,因此,会表现出不同的生态服务价值。本章以2015年重庆稻谷、玉米、小麦三种主要作物为研究基准,由统计资料可知,稻谷、小麦、玉米的单价分别为2.36元/kg、1.98元/kg和1.87元/kg,面积分别为683904hm²、150532hm²和461886hm²,单产分别为7582.55kg/hm²、3051.20kg/hm²和5446.36kg/hm²,粮食总面积为2243888hm²。根据相关研究成果,将生态系统类型与最接近的土地利用类型联系起来,农田、森林、草地、湿地和荒漠分别对应耕地、林地、草地、水体和建设用地与未利用地。

测算出重庆三峡库区段1个生态服务价值当量因子的经济价值量为1136.86元,得到2015年重庆三峡库区生态系统单位生态面积生态服务价值(表3-2)。

表3-2　2015年重庆三峡库区生态系统单位生态面积生态服务价值

服务类型	森林	草地	农田	湿地	荒漠
气体调节	4911.25	1705.29	818.54	2739.84	68.21
气候调节	4627.03	1773.51	1102.76	15404.50	147.79
水源涵养	4649.77	1728.03	875.38	15279.44	79.58
土壤形成与保护	4570.19	2546.57	1671.19	2262.36	193.27
废物处理	1955.40	1500.66	1580.24	16370.83	295.58
生物多样性保护	5127.25	2125.93	1159.60	4195.03	454.75
食物生产	375.16	488.85	1136.96	409.27	22.74
原材料	3387.85	409.27	443.38	272.85	45.47
娱乐文化	2364.68	989.07	193.27	5331.89	272.85
合计	31968.58	13267.18	8981.22	62266.01	1580.24

2015年重庆三峡库区森林、草地、农田、湿地和荒漠的面积分别为27089.11hm²、4181.71hm²、11884.11hm²、1171.13hm²和298.51hm²。测算出2015年重庆三峡库区生态系统生态服务总价值(表3-3)。

表 3-3 2015 年重庆三峡库区生态系统生态服务总价值

项目	森林	草地	农田	湿地	荒漠
生态服务总价值/亿元	8.6600	0.5548	1.0673	0.7292	0.0047

2015 年重庆三峡库区的生态服务总价值为 11.016 亿元。其中森林的生态服务总价值最高，为 8.6600 亿元，约占生态服务总价值的 78.61%；荒漠的生态服务总价值最低，为 0.0047 亿元，约占生态服务总价值的 0.043%。

(四)重庆三峡库区生态补偿社会公平量化模型

利用条件价值法进行问卷调查(附件)。发出 100 份，93 份有效，其中网上问卷共 47 份，纸质共 46 份。针对调查问卷的结果，关于辖区内愿意接受的补偿金额及愿意支付的资金额度结果如表 3-4 和表 3-5 所示。

表 3-4 2015 年重庆三峡库区愿意接受的补偿金额

补偿金额	人数/人	比例/%	补偿金额	人数/人	比例/%	补偿金额	人数/人	比例/%
100～200 元/年	18	19.35	400～500 元/年	10	10.75	700～800 元/年	6	6.45
200～300 元/年	17	18.28	500～600 元/年	6	6.45	800～900 元/年	5	5.38
300～400 元/年	6	6.45	600～700 元/年	3	3.23	900～1000 元/年	22	23.66

表 3-5 2015 年重庆三峡库区愿意支付的资金额度

资金额度	人数/人	比例/%	资金额度	人数/人	比例/%	资金额度	人数/人	比例/%
200～300 元/年	48	51.61	500～600 元/年	8	8.60	800～900 元/年	5	5.38
300～400 元/年	16	17.20	600～700 元/年	1	1.08	900～1000 元/年	1	1.08
400～500 元/年	9	9.68	700～800 元/年	1	1.08	1000～1100 元/年	4	4.30

用接受的补偿金额和支付的资金额度的均值，分别与重庆三峡库区上游(江津区、巴南区、大渡口区、九龙坡区、沙坪坝区、南岸区、江北区、渝北区、北碚区、涪陵区、长寿区、武隆区、丰都县)和重庆三峡库区下游(忠县、石柱县、万州区、开州区、云阳县、奉节县、巫溪县、巫山县)2015年的常住人口数量相乘，得到上游接受的补偿金额为 64.43 亿元，下游支付的资金额度为 25.36 亿元，总计 89.79 亿元[各区(县、自治县)常住人口

来自《重庆统计年鉴》]。

(五)重庆三峡库区生态补偿多维度量化模型

本章利用层次分析法构建基于生态、经济、社会 3 个维度的重庆三峡库区生态补偿量化模型。通过调查重庆三峡库区生态系统的一些参数，利用单一标准来评估 3 个方案，从而得出两两比较矩阵，如表 3-6 所示。

表 3-6　两两比较矩阵

	生态	经济	社会
生态	1	3	5
经济	1/3	1	5/3
社会	1/5	3/5	1

确定各指标因素的权重，根据 $\sqrt{3}$ 标度，得到最终的权重系数[0.652，0.217，0.130]，得到 2015 年重庆三峡库区生态补偿值为 21.11 亿元。

(六)本　章　小　结

分析 2006～2015 年的《重庆统计年鉴》，构建重庆三峡库区生态补偿多维度量化指标体系，基于构建的指标体系，应用层次分析法进行模型搭建，从生态、经济、社会 3 个维度测算出 2015 年重庆生态补偿价格，重庆三峡库区生态补偿多维度量化模型的具体结论如下。

a) 重庆三峡库区生态补偿多维度量化指标体系具有科学性、全面性。利用生态服务价值法，参考谢高地生态服务价值当量表，根据当年重庆三峡库区内的粮食作物种类、面积及价格测算出 2015 年重庆三峡库区生态服务价值，通过与土地一级分类面积相乘得出 2015 年重庆三峡库区生态服务总价值。应用机会成本法，利用重庆三峡库区内 22 个曲线的工业生产总值预测未来年份的生态补偿价格。将实时有效的调查问卷与条件价值法相结合，通过重庆三峡库区上下游的划分，统计人口数据，得出支付意愿相关的概念补偿价格。

b) 重庆三峡库区生态补偿多维度量化模型构建是可行的。本书引入重要性标度，使用 $\sqrt{3}$ 标度的方法得出最终权重矩阵，将生态、经济、社会作为指标因素，得到该年重庆三峡库区内的补偿额度。

　　c) 重庆三峡库区 2015 年生态补偿金额是合理的。由生态服务价值法得出的 2015 年重庆三峡库区生态服务总价值与由机会成本法得出的 2015 年重庆三峡库区生态补偿价格的值较相近，分别为 11.02 亿元和 10.09 亿元。这两部分所参考的数据来源于《重庆统计年鉴》。社会的基础数据由调查问卷所得，不合理的成分较大，但是在用层次分析法构建多维度量化模型时，将社会的指标因素标度设为最低，由此可知重庆三峡库区 2015 年生态补偿金额是合理的。

第四章 基于生态足迹思想的重庆三峡库区后续发展生态补偿标准量化研究[*]

本章以生态足迹思想为手段，构建重庆三峡库区后续发展的生态足迹和生态承载力计算模型，采用区域生态足迹和生态承载力之间的对比关系来量化和评价区域生态安全，以此作为重庆三峡库区后续发展生态补偿的方向。同时构建重庆三峡库区后续发展生态补偿模型，评估量化库区后续发展生态补偿，为政府科学制定重庆三峡库区后续发展过程中各区(县、自治县)生态补偿的分配标准提供参考。

（一）研究方法介绍

1. 重庆三峡库区后续发展生态足迹和生态承载力模型构建

(1)生态足迹与生态承载力模型

生态足迹账户的计算是将不同的商品、能源消费按照一定的比例折算成相应的生物生产性土地面积(周涛等，2015；Wackernagel，1999)。具体如下：

$$
\begin{aligned}
\mathrm{EF} &= N \cdot \mathrm{ef} = N \cdot r_j \cdot \sum_{i=1}^{n}(\mathrm{aa}_i) = N \cdot r_j \cdot \sum_{i=1}^{n} \frac{C_i}{\mathrm{EP}_i} \\
&= N \cdot r_j \cdot \sum_{i=1}^{n} \frac{P_i + I_i - E_i}{\mathrm{EP}_i} \ (j=1,2,\cdots,6)
\end{aligned}
\tag{4.1}
$$

式中，EF 为总生态足迹；N 为总人口数；ef 为人均生态足迹；r_j 为第 j 种

---

* 本章部分内容引自：周健，官冬杰，周李磊. 2018. 基于生态足迹的三峡库区重庆段后续发展生态补偿标准量化研究. 环境科学学报，38(11)：4539-4553.

生物生产性土地的均衡因子；aa_i 为第 i 种商品折算为生物生产性土地面积；C_i 为第 i 种商品的人均消费量；EP_i 为第 i 种商品的年世界平均产量；P_i 为第 i 种商品的年生产量；I_i 为第 i 种商品的年进口量；E_i 为第 i 种商品的年出口量。

生物生产性土地包括耕地、林地、草地、水域、化石能源用地、建筑用地 6 类，包括生物产品消费账户和能源消费账户。

生态承载力定量地描述了地区供给的生物生产性用地的总面积。其计算公式如下：

$$EC = N \cdot ec = N \cdot \sum_{i=1}^{n} S_i \cdot r_i \cdot y_i \tag{4.2}$$

式中，EC 为总生态承载力；ec 为人均生态承载力；S_i 为第 i 类生物生产性土地的面积；r_i 为第 i 种生物生产性土地的均衡因子；y_i 为第 i 种生物生产性土地的产量因子。

(2) 生态足迹模型与生态承载力模型修正

生态足迹模型修正主要是针对其均衡因子进行修正。不同国家、地区等存在明显的差异性，所以，在具体应用生态足迹模型计算某一地区的生态足迹时，必须进行模型修正，否则得到的结果参考价值不高。

目前，许多学者进行了生态足迹模型修正研究，可以基于"国家公顷"和"省公顷"进行均衡因子、产量因子的修正 (周涛等，2015；张恒义等，2009；高中良等，2010；张帅等，2010)，本章应用"省公顷"的模型改进方法，计算重庆各类生物生产性土地的均衡因子与产量因子。

均衡因子在"省公顷"模型下表示为

$$均衡因子 = \frac{全省某种生物生产性土地的平均生物生产力}{全省所有生物生产性土地的平均生物生产力}$$

生态系统生产的各种生物产品都伴随着能量的流动，可以按照一定的方式把能量转换为热值。利用估算的某种生物生产性土地的生物量计算平均生产力，最终计算出均衡因子，公式如下：

$$q_i = \frac{\overline{P_i}}{\overline{P}} = \frac{Q_i}{S_i} \Bigg/ \frac{\sum Q_i}{\sum S_i} = \frac{\sum_k p_k^i \cdot \gamma_k^i}{S_i} \Bigg/ \frac{\sum_i \sum_k p_k^i \cdot \gamma_k^i}{\sum S_i} \tag{4.3}$$

式中，q_i 为省域内第 i 类生物生产性土地的均衡因子；$\overline{P_i}$ 为第 i 类生物生产性土地的平均生产力 ($10^9 \, \text{J}/\text{hm}^2$)；$\overline{P}$ 为全部生物生产性土地的平均生产力 ($10^9 \, \text{J}/\text{hm}^2$)；$Q_i$ 为第 i 类生物生产性土地的总产出 ($10^9 \, \text{J}$)；p_k^i 为第 i 类

生物生产性土地的第 k 种产品产量(kg)；γ_k^i 为第 i 类生物生产性土地的第 k 种产品的单位热值(10^3 J /kg)。

在进行均衡因子计算时，公式中所有产品的热值数据均来源于《农业技术经济手册(修订本)》。化石能源用地的均衡因子的计算采用谢鸿宇等(2008b)提出的方法，草地和林地按照一定的关系来求取。建筑用地基本占用的耕地，其均衡因子值等于耕地的数值。

产量因子在"省公顷"模型下表示：

$$产量因子 = \frac{各地市某种生物生产性土地的平均生物生产力}{全省所有某种生物生产性土地的平均生物生产力}$$

跟均衡因子一样，产量因子也可以通过能量进行计算[式(4.4)]，根据各种生物生产性土地上生物产品的生产情况，除以面积，得到各地市生物生产性土地的平均生物生产力(张恒义等，2009)。

$$y_i^j = \frac{\bar{P}_i^j}{\bar{P}_i} = \frac{Q_i^j}{S_i^j} \bigg/ \frac{Q_i}{S_i} = \frac{\sum_k (p_k^i)^j \cdot \gamma_k^i}{S_i^j} \bigg/ \frac{\sum_k p_k^i \cdot \gamma_k^i}{S_i} \tag{4.4}$$

式中，y_i^j 为 j 市第 i 类生物生产性土地的产量因子；$\bar{P}_i^j$ 为 j 市第 i 类生物生产性土地的平均生产力(10^9 J /hm^2)；Q_i^j 为 j 市第 i 类生物生产性土地的总产出(10^9 J)；S_i^j 为 j 市第 i 类生物生产性土地的面积；$(p_k^i)^j$ 为 j 市第 i 类生物生产性土地的第 k 种生物产品的产量；相同参数含义同上。

化石能源用地的产量因子为 0，建筑用地等于耕地的产量因子数值。

对重新计算得到的重庆各类生物生产性土地的均衡因子与产量因子进行生态足迹模型与生态承载力模型的修正。

2. 重庆三峡库区后续发展生态安全评估模型构建

本章采用区域生态足迹和生态承载力之间的对比关系来量化和评价区域生态安全，以此作为重庆三峡库区后续发展生态补偿的方向，如果不安全，说明生态系统需要进行生态补偿。

生态安全指数：

$$ES = EF/EC \tag{4.5}$$

式中，ES 为生态安全指数，当 ES<1 时，则 EF<EC，表明该地区处于生态盈余状态；当 ES=1 时，则 EF=EC，表明该地区生态不盈余也不赤字；当 ES>1 时，则 EF>EC，表明该地区处于生态赤字状态。通过计算，若该地区的 ES>1，即该地区处于生态赤字状态，则需要进行生态补偿。

3. 重庆三峡库区后续发展生态补偿标准模型构建

本章主要在前人研究的基础上(陈源泉和高旺盛, 2007; 杨璐迪等, 2017), 基于生态足迹与生态系统服务价值等, 构建生态补偿标准模型:

$$EV = \sum ev_i = E_i \times R_i \times K_i \tag{4.6}$$

式中, EV 为生态补偿额度; ev_i 为第 i 种生物生产性土地的生态补偿额度; E_i 为第 i 种生物生产性土地的生态足迹系数; R_i 为第 i 种生物生产性土地的生态系统服务价值系数; K_i 为第 i 种生物生产性土地的生态补偿系数。

生态系统服务价值在基于生态足迹的思想计算生态补偿额度时起到了纽带作用, 能够将生态环境的安全性量化为具体金额。在利用式(4.6)计算生态补偿额度时, 不同的学者采用的方法也有一定的差别(陈源泉和高旺盛, 2007; 杨璐迪等, 2017; 肖建武等, 2017; 郭荣中和申海建, 2017; 程淑杰等, 2013)。将式(4.6)细化:

$$ev_i = |EC_i - EF_i| \times \frac{ESV_i}{S_i} \times K_i \tag{4.7}$$

式中, ESV_i 为第 i 种生物生产性土地的生态系统服务价值。其中, $K_i = L_i/(1 + ae^{-bt})$, L_i 为补偿能力, 用 GDP 量化, $L_i = GDP_i/GDP$; a、b 为常数, $a=b=1$, 取 $K_i = e^\varepsilon/(e^\varepsilon + 1) \times L_i = e^\varepsilon \times GDP_i/[(e^\varepsilon + 1) \times GDP]$, ε 为恩格尔系数, e 为自然常数, t 为恩格尔系数的倒数。

(二)结 果 分 析

1. 重庆三峡库区后续发展生态足迹分析

(1)均衡因子修正

本章选取的生物产品消费账户包括农产品(25)、畜牧产品(9)、林产品(13)、水产品(4)共 4 个类型 51 个指标的数据, 根据重庆实际的生物产品生产情况, 如猪和禽类主要依靠农产品饲养, 所以将其划入耕地类别中。将各个指标划入耕地、林地、草地、水域共计 4 种生物生产性土地, 得到耕地(29)、林地(13)、草地(5)、水域(4)的具体指标, 通过《农业技术经济手册(修订本)》查询每种产品的单位热值, 计算出各生物生产性土地的生物量(能量形式), 利用式(4.3)进行生态足迹模型的均衡因子修正。能源消费账户包括 4 个能源指标, 划入化石能源用地(3)、建筑用地(1)。化石能源用地的均衡因子应用谢鸿宇等(2008b)提出的方法。建筑用地等于耕地的均衡因子。最终得到重庆 2000~2016 年生物生产性土地的均衡因子(表4-1)。在这 7 年间,耕地的均衡因子在逐渐减小,林地在逐渐增大,草地的变化有限,水域在逐渐增大,化石能源用地也在增大。计算出的均衡因子构建了一个时间序列,通过对因子进行预测,可以进行均衡因子的动态修正。

表 4-1　2010~2016 年重庆三峡库区均衡因子

土地类型	2010 年	2011 年	2012 年	2013 年	2014 年	2015 年	2016 年
耕地	3.154	3.117	3.077	3.047	2.936	2.753	2.783
林地	0.121	0.133	0.149	0.159	0.205	0.284	0.336
草地	0.406	0.431	0.438	0.452	0.466	0.455	0.479
水域	0.346	0.422	0.490	0.554	0.607	0.609	0.644
化石能源用地	0.134	0.147	0.162	0.173	0.217	0.292	0.343
建筑用地	3.154	3.117	3.077	3.047	2.936	2.753	2.783

(2)生态足迹分析

利用计算的均衡因子对生态足迹在重庆三峡库区的模型进行修正,计算各个区(县、自治县)的生态足迹。

由式(4.1)可以计算出生物产品消费账户与能源消费账户的生态足迹。在计算能源消费账户的生态足迹时,所有能源消费均已转换为标准煤,采用谢鸿宇等(2008a)提出的基于碳循环的方法计算,1t 煤炭的生态足迹等于 0.1233587 hm^2(林地)加上 0.1035385 hm^2(草地)。

通过计算,将生物产品消费账户与能源消费账户的人均生态足迹加和,得到重庆三峡库区人均生态足迹(表4-2)。

表 4-2　2010~2016 年重庆三峡库区人均生态足迹　　(单位：hm^2)

区(县、自治县)	2010 年	2011 年	2012 年	2013 年	2014 年	2015 年	2016 年
巴南区	1.814	2.032	2.036	1.810	1.767	1.542	1.584
北碚区	1.848	2.051	1.968	1.840	1.828	1.580	1.644
长寿区	1.793	2.021	1.952	1.806	1.804	1.564	1.606
沙坪坝区	1.995	2.275	2.267	2.051	2.078	1.573	1.637
九龙坡区	2.283	2.458	2.416	2.179	2.157	1.809	1.869
南岸区	2.083	2.290	2.190	2.045	2.050	1.721	1.779
渝中区	3.054	3.412	3.460	3.092	3.069	2.497	2.611

续表

区(县、自治县)	2010 年	2011 年	2012 年	2013 年	2014 年	2015 年	2016 年
大渡口区	2.385	2.123	1.802	1.652	1.599	1.374	1.414
丰都县	1.487	1.658	1.554	1.590	1.672	1.874	2.016
奉节县	1.379	1.508	1.527	1.422	1.436	1.457	1.545
涪陵区	1.738	2.301	2.293	2.110	2.098	1.863	1.954
渝北区	2.023	2.329	2.327	2.153	2.124	1.764	1.801
江北区	2.238	2.549	2.356	2.085	2.034	1.725	1.819
江津区	1.688	1.883	1.809	1.769	1.792	1.704	1.783
开州区	1.383	1.530	1.525	1.443	1.440	1.410	1.472
石柱县	1.540	1.701	1.663	1.662	1.729	1.820	1.944
万州区	1.777	1.973	1.963	1.731	1.699	1.495	1.541
武隆区	2.047	2.322	1.835	2.328	2.604	3.178	3.442
巫山县	1.448	1.598	1.489	1.537	1.599	1.800	1.933
巫溪县	1.447	1.598	1.606	1.556	1.641	1.871	1.998
云阳县	1.289	1.394	1.444	1.315	1.302	1.293	1.342
忠县	1.370	1.487	1.594	1.400	1.385	1.280	1.312

　　2010～2016 年人均生态足迹最小的是云阳县，最大的是渝中区。在这 7 年间，重庆三峡库区的平均人均生态足迹分别为 1.823 hm^2、2.022 hm^2、1.958 hm^2、1.844 hm^2、1.859 hm^2、1.736 hm^2 和 1.820hm^2，虽然存在波动的情况，但整体上呈增长的趋势。每年超过平均值的区(县、自治县)分别有 9 个、11 个、10 个、8 个、8 个、9 个和 8 个，其中大部分都是主城区。而主城区很少，甚至没有利用生物生产性土地生产生物产品，它们计算出的生态足迹除了生物产品消费账户以外，对能源的消费也很多(图 4-1)。从图 4-1 中可以明显看出渝中区对能源的消费是居重庆三峡库区首位的，所带来的结果是人均生态足迹一直处于最大，其变化趋势处于波动状态，但还是有一定的增长的。生态足迹反映了对自然的利用程度，从侧面反映了一个地区的发展程度，越是发达的地区，其生态足迹也就越大，其发展对自然资源与环境的影响越大，反之则越小。

　　为了明确重庆三峡库区各区(县、自治县)生态足迹的地域间差异，本章基于 GIS 空间分析技术，对重庆三峡库区生态足迹进行了等级划分，重庆三峡库区的生态足迹空间差异化结果如图 4-2 所示。

　　将重庆三峡库区的生态足迹分为 5 个等级，自 2010 年以来，从空间分布上看，生态足迹呈现西南段(主城区)、中段(万州区和开州区)较大，东北段较小的格局，这主要是由发展引起的。结合图 4-1 与图 4-2，可以发现主城区

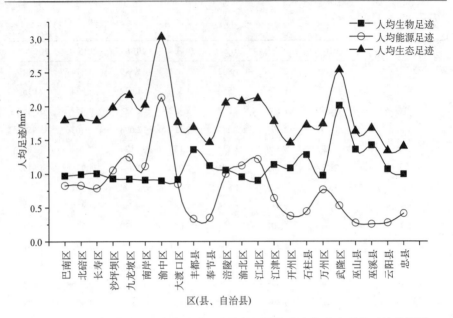

图 4-1　重庆三峡库区人均生物足迹、人均能源足迹和人均生态足迹对比分析图

的生态足迹普遍较大，虽然大部分地区将其生产生物产品的生态负担转移到了外围地区，但是以第二产业和第三产业为主，在与其他区(县、自治县)同样消费生物产品的情况下，消费的化石能源与电力能源会更加巨大，而其他区(县、自治县)更多以第一产业、第二产业为主，相比之下对能源的需求并不大。经济越是发达的地区，其计算得出的生态足迹更加偏重能源消费，而不发达地区则生产生物产品，除了自身需要，还要供给发达地区，造成欠发达地区的生态负担加重。从整体上看，重庆三峡库区的生态足迹在 2010～2016 年分别是 32685952.902 hm^2、37293815.123 hm^2、37060368.071 hm^2、34669803.583 hm^2、34954261.312 hm^2、31857322.731 hm^{2}和 33581597.121 hm^2，呈现出一定的波动，但还是有增加的趋势，说明该地区经济一直在发展。

2. 重庆三峡库区后续发展生态承载力分析

(1) 产量因子修正

通过式(4.4)的方法，再结合重庆各类生物产品的实际生产状况，将重庆三峡库区各个区(县、自治县)主要生物产品平均产量除以重庆的平均产量，得到各个区(县、自治县)的各种生物生产性土地的产量因子，通过计算得到 2010～2016 年产量因子的平均值(表 4-3)。

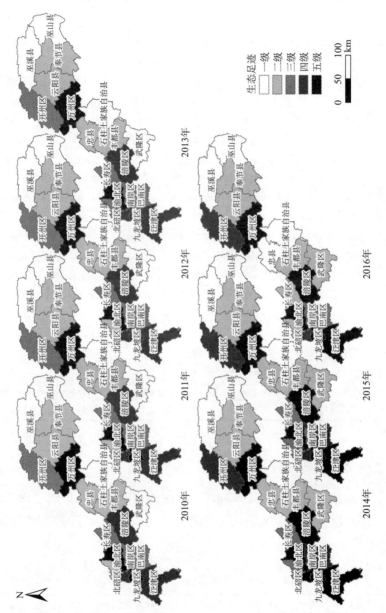

图 4-2 2010~2016 年重庆三峡库区生态足迹空间分布

表 4-3　2010～2016 年重庆三峡库区平均产量因子

区(县、自治县)	耕地	林地	草地	水域	建筑用地
巴南区	1.253	0.712	2.718	2.387	1.253
北碚区	1.636	1.772	12.778	0.981	1.636
长寿区	1.155	1.585	13.808	1.246	1.155
沙坪坝区	1.373	1.707	14.768	2.002	1.373
九龙坡区	1.223	2.020	2.127	0.886	1.223
南岸区	1.497	0.654	230.308	1.252	1.497
渝中区	0.000	0.248	0.000	0.000	1.152
大渡口区	4.095	1.866	0.000	0.149	4.095
丰都县	0.603	1.534	2.856	0.432	0.603
奉节县	0.740	0.547	0.998	0.199	0.740
涪陵区	1.771	1.171	0.620	0.852	1.771
渝北区	1.194	1.322	20.498	1.064	1.194
江北区	0.699	0.228	77.953	0.083	0.699
江津区	1.190	1.714	3.090	0.836	1.190
开州区	0.859	0.848	0.595	1.393	0.859
石柱县	0.832	0.564	1.885	0.491	0.832
万州区	1.112	0.695	0.690	0.854	1.112
武隆区	0.810	1.613	0.673	0.361	0.810
巫山县	0.668	0.884	0.931	0.048	0.668
巫溪县	0.638	0.536	0.345	0.137	0.638
云阳县	0.784	0.671	0.405	0.254	0.784
忠县	0.740	0.853	1.355	0.338	0.740

(2)生态承载力分析

生态承载力由式(4.2)计算得出,其中均衡因子与产量因子均采用模型修正的数值,得到重庆三峡库区各个区(县、自治县)的人均生态承载力(表 4-4)。

表 4-4　2010～2016 年重庆三峡库区人均生态承载力　(单位:hm^2)

区(县、自治县)	2010 年	2011 年	2012 年	2013 年	2014 年	2015 年	2016 年
巴南区	0.445	0.434	0.435	0.400	0.367	0.339	0.317
北碚区	0.260	0.350	0.331	0.312	0.281	0.249	0.232
长寿区	0.443	0.432	0.424	0.413	0.400	0.379	0.404
沙坪坝区	0.152	0.114	0.096	0.088	0.082	0.076	0.073

续表

区(县、自治县)	2010 年	2011 年	2012 年	2013 年	2014 年	2015 年	2016 年
九龙坡区	0.140	0.119	0.107	0.097	0.086	0.077	0.072
南岸区	0.145	0.116	0.094	0.075	0.062	0.046	0.037
渝中区	0.010	0.010	0.010	0.009	0.009	0.008	0.008
大渡口区	0.319	0.294	0.271	0.249	0.219	0.152	0.146
丰都县	0.461	0.473	0.473	0.487	0.496	0.515	0.544
奉节县	0.451	0.456	0.464	0.462	0.458	0.461	0.503
涪陵区	0.827	0.824	0.819	0.805	0.786	0.737	0.733
渝北区	0.313	0.216	0.234	0.249	0.219	0.200	0.203
江北区	0.079	0.051	0.030	0.024	0.020	0.018	0.017
江津区	0.554	0.547	0.529	0.524	0.501	0.472	0.481
开州区	0.437	0.443	0.443	0.438	0.428	0.414	0.448
石柱县	0.615	0.603	0.581	0.607	0.613	0.616	0.634
万州区	0.407	0.405	0.411	0.398	0.389	0.375	0.386
武隆区	0.772	0.821	0.749	0.838	0.875	0.921	0.974
巫山县	0.451	0.463	0.446	0.469	0.476	0.489	0.520
巫溪县	0.473	0.484	0.475	0.480	0.500	0.515	0.540
云阳县	0.416	0.416	0.428	0.422	0.418	0.406	0.420
忠县	0.432	0.432	0.450	0.441	0.431	0.420	0.450

世界环境与发展委员会所做出的《我们共同的未来》报告一文, 为了保护生物多样性, 建议在计算生态承载力时扣除12%的面积。生态承载力表征了为人类提供资源的土地是人类赖以生存的基础, 2010~2016 年重庆三峡库区的平均人均生态承载力最小的区(县、自治县)是渝中区, 为 0.009 hm^2, 最大的是涪陵区, 为 0.850 hm^2, 整个重庆三峡库区的平均人均生态承载力为 0.376 hm^2。

不同生物生产性土地的生态承载力不同(图 4-3), 由于区域差异性, 不同地区不同生物生产性土地的生态承载力大小排序可能不同, 不过总体上说, 是耕地>建筑用地>林地>草地>水域, 并且耕地远大于其他土地。

为了比较重庆三峡库区各区(县、自治县)生态承载力的地域间差异, 本章基于 GIS 空间分析技术, 对重庆三峡库区生态承载力进行了等级划分, 重庆三峡库区的生态承载力空间差异化结果如图 4-4 所示。

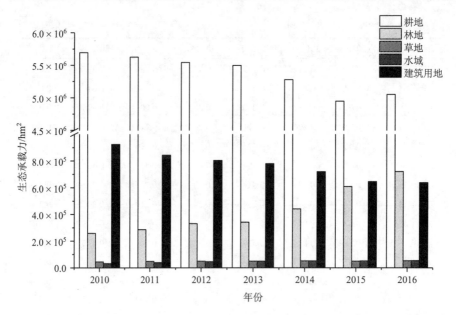

图 4-3　2010～2016 年重庆三峡库区不同土地生态承载力比较

　　将人均生态承载力分为 5 个等级，自 2010 年以来，从空间分布上看，人均生态足迹呈现东北段和西南段部分地区较大的格局。主城区的人均生态承载力普遍小，是因为主城区的经济发展占用了大量的生物生产性土地，使得建筑用地面积逐渐增大，其他类型土地慢慢减少，甚至没有，导致其生态承载力呈现逐年减小的趋势。从整体上来看，重庆三峡库区的生态承载力在 2010～2016 年分别是 6954328.724 hm^2、6843078.489 hm^2、6772718.758 hm^2、6717394.269 hm^2 和 6539725.345 hm^2、6303390.629 hm^2 和 6518821.018 hm^2，总体呈现减少的趋势。

3. 重庆三峡库区后续发展生态补偿标准测算

　　通过式(4.5)进行重庆三峡库区的生态安全评估(表 4-5)，可以发现求得的 ES 全部大于 1，则表明该地区处于生态赤字的状态，生态环境处于不安全的状态，需要进行生态补偿。

　　对于生态补偿的计算，已经有许多学者进行了研究，本章基于生态足迹思想，结合生态系统服务价值的相关方法，计算重庆三峡库区的生态补偿额度。

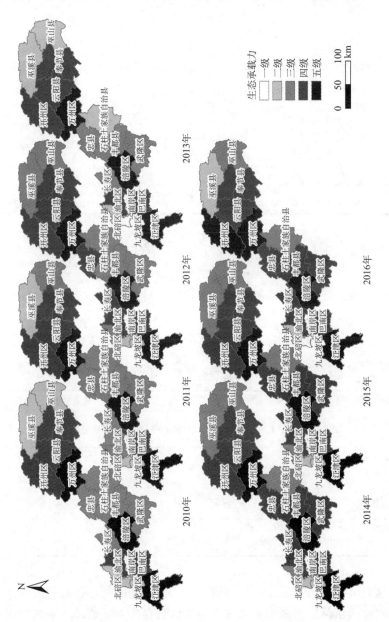

图 4-4　2010～2016 年重庆三峡库区生态承载力结果图

表 4-5　重庆三峡库区生态安全系数

区(县、自治县)	ES	区(县、自治县)	ES
巴南区	4.605	渝北区	8.916
北碚区	6.332	江北区	63.518
长寿区	4.334	江津区	3.451
沙坪坝区	20.532	开州区	3.343
九龙坡区	21.847	石柱县	2.822
南岸区	25.111	万州区	4.391
渝中区	334.150	武隆区	2.983
大渡口区	7.495	巫山县	3.437
丰都县	3.432	巫溪县	3.375
奉节县	3.156	云阳县	3.205
涪陵区	2.597	忠县	3.219

　　在进行生态补偿额度计算时，采用式(4.7)，实质上是对生态赤字的面积进行生态补偿，计算模型中的一个重要系数就是生态系统服务价值，不同的取值直接导致了生态补偿额度的差异。目前许多学者对三峡库区的生态系统服务价值进行了估算(杜加强等，2008；严恩萍等，2014；马骏等，2014；国洪磊和周启刚，2016；姜永华等，2008)(表 4-6)。

表 4-6　三峡库区生态系统服务价值　　　　（单位：元/hm²）

文献来源	估算时间	耕地	林地	草地	水域	建筑用地	估算范围
姜永华等(2008)	2000 年	6114.30	19334.00	62400.84	48082.69	371.48	重庆三峡库区
国洪磊和周启刚(2016)	2000~2014 年	7444.13	23573.09	6732.09	49595.19	0.00	三峡库区
马骏等(2014)	1986~2010 年	9617.61	34364.33	14261.44	55420.42	0.00	重庆三峡库区
严恩萍等(2014)	2011 年	2006.02	17803.55	1180.88	55806.45	-7126.83	三峡库区

　　从表 4-6 中可以看出，不同的学者、不同的时间、不同的估算范围，对三峡库区所估算出的生态系统服务价值是存在差异的，本章在考虑估算时间、估算范围等条件后，选择国洪磊和周启刚(2016)估算的生态系统服务价值作为生态补偿系数 R_i 的值，对重庆三峡库区生态补偿额度进行核算(表 4-7)。其中对于化石能源用地的生态服务价值，林地与草地按照一定的比例折算(谢鸿宇等，2008)。

表 4-7　2010～2016 年重庆三峡库区生态补偿额度　　（单位：万元）

区（县、自治县）	2010 年	2011 年	2012 年	2013 年	2014 年	2015 年	2016 年
巴南区	18777.822	21472.216	25583.077	19142.338	20019.846	27223.870	30479.260
北碚区	13881.931	15508.256	15159.643	15268.016	16438.599	20183.935	21486.544
长寿区	12933.318	15160.239	14634.857	13537.100	14772.191	18548.776	18210.383
沙坪坝区	39100.665	46717.710	50359.276	46148.908	49093.888	44968.982	46390.610
九龙坡区	61366.414	62230.726	64788.866	57171.886	58019.945	71935.766	73285.691
南岸区	24888.684	26861.967	26795.720	25609.535	26758.928	33129.871	34237.133
渝中区	38599.106	39978.457	43079.945	36644.464	36629.613	46780.628	48207.553
大渡口区	5102.124	3534.795	2617.132	2358.667	2273.446	2582.914	2697.667
丰都县	4750.738	5595.103	4627.693	5529.981	6638.097	10201.814	11340.812
奉节县	6073.345	6632.615	7211.859	6258.667	7001.220	9760.533	10470.073
涪陵区	14385.192	28500.479	30461.931	27152.613	31643.921	49885.453	54048.091
渝北区	64546.732	81465.568	90535.189	82355.380	87735.755	109463.716	111761.096
江北区	27900.971	32976.827	31526.946	26995.175	26276.567	32702.841	35100.934
江津区	27329.957	32537.414	29339.724	33608.507	40060.446	59381.670	64450.778
开州区	12073.488	14233.207	15256.702	14559.333	16270.531	22651.300	23803.312
石柱县	2109.809	2451.780	2454.049	2664.485	3150.549	4756.798	5257.976
万州区	52625.310	57216.657	64189.912	47137.568	48018.255	60995.278	62177.280
武隆区	3870.637	4485.004	2189.191	5134.034	6618.641	10950.384	12037.902
巫山县	2406.132	2758.185	2278.050	2698.211	3089.244	4704.170	5218.178
巫溪县	1550.948	1789.641	1912.710	1928.398	2267.711	3485.875	3839.198
云阳县	5294.966	5900.547	7321.553	6065.791	6561.860	9033.513	9895.680
忠县	4838.217	5187.017	7418.017	4847.784	5015.384	6224.334	6248.171

4. 重庆三峡库区后续发展生态补偿标准动态化分析

将 2010～2016 年的重庆三峡库区生态补偿额度划分为 5 个等级，并根据各年份常住人口计算出人均生态补偿额度，并进行空间差异化，如图 4-5 所示。

由图 4-5 可知，2010～2016 年有的地区发生了一个补偿级的变化。从空间上看，有高有低，呈现高低错落的分布。主城区较其他区（县、自治县）大。通过研究 7 年的人均生态补偿数据，结果表明，补偿额度小于 100 元的有 7 个区（县、自治县），分别是大渡口区、奉节县、石柱县、巫山县、巫溪县、云阳县和忠县；100～200 元的有 4 个，分别是长寿区、丰都县、开州区和武隆区；200～300 元的有两个，分别是巴南区和北碚区；300～400 元的有 5 个，分别是万州区、江北区、江津区、涪陵区和南岸区；大于 400 元的有 4 个，分别是沙坪坝区、渝中区、渝北区和九龙坡区。

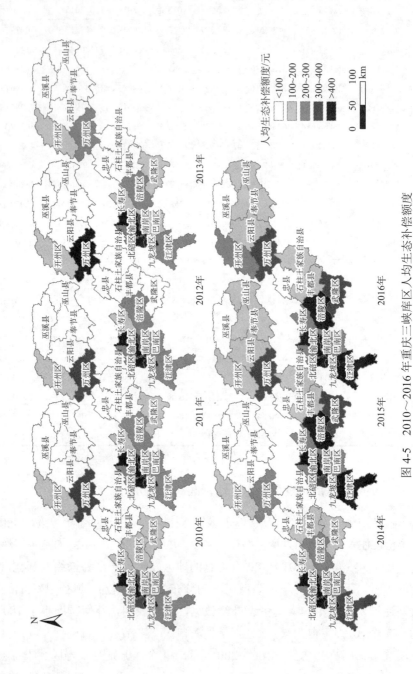

图 4-5　2010～2016 年重庆三峡库区人均生态补偿额度

将重庆三峡库区的生态足迹、生态承载力、生态补偿额度进行汇总（图 4-6）。

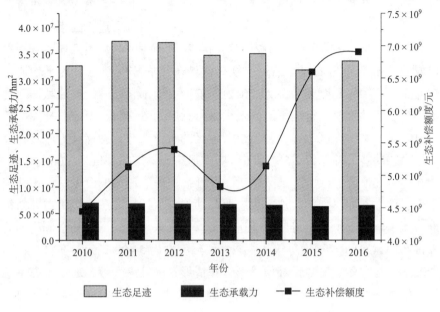

图 4-6　2010～2016 年重庆三峡库区 EF、EC、EV

由图 4-6 可以看出重庆三峡库区的生态补偿额度随生态足迹与生态承载力的变化而变化。2010～2016 年，生态足迹有增有减，生态承载力有一定的减少，使生态补偿额度也相应有所增长。具体结果表明，在整体上，2010 年需补偿约 44.44 亿元，2011 年需补偿约 51.32 亿元，2012 年需补偿约 53.97 亿元，2013 年需补偿约 48.28 亿元，2014 年需补偿约 51.44 亿元，2015 年需补偿约 65.96 亿元，2016 年需补偿约 69.06 亿元，这 7 年间的生态补偿额度都从 44.44 亿元增加到了 69.06 亿元，虽然计算出的补偿额度存在小幅波动，但从整体上看增长的趋势是明显的，反映了人类活动已经超过了生态承载力，并且这个趋势还在增加，生态赤字在逐渐增大。目前，重庆正处于高速发展时期，其经济发展必将带来对生态占用的增加，导致生态赤字不断增高，带来的生态补偿的额度也相应增长。

（三）生态补偿不同研究方法对比分析

目前，已经有学者针对大型库区生态补偿进行了相关研究，如表 4-8

所示。官冬杰等(2016)应用了机会成本法、生态系统服务价值法等进行了生态补偿标准的核算，同时，应用博弈论对生态补偿机制、模式进行了研究，构建了补偿群与保护群策略选择的三种情形，并对其投入资金进行了分析，得到了生态补偿博弈模型的最优解，并且通过引进"约束机制"提高其实用价值(官冬杰等，2017)；孙盼盼和尹珂(2014)采用意愿调查法，以农户受偿意愿为依据，估算三峡库区消落带农户受偿意愿的平均值为549.72元/年；张乐勤和荣慧芳(2012)以安徽省南部长江一级支流秋浦河为例，基于条件价值法得出下游的最大支付意愿为5623.64万元；杜丽娟等(2010)对潘家口库区的研究得出上游地区的水土保持补偿标准为，对林草措施生态功能的补偿为2.56元/hm²，对"退耕还林"的补偿为2.06元/hm²，此补偿标准偏低导致实施起来缺乏激励性；徐琳瑜等(2006)以厦门市莲花水库工程生态补偿为例，选择生态服务功能价值计算方法确定生态补偿标准。而本章基于生态足迹的思想进行了重庆三峡库区的生态补偿额度的计算，2010~2016年平均每年的生态补偿额度约为54.92亿元，在符合实际情况下，与官冬杰博弈论补偿情形2和情形3的结果一致。通过生态足迹计算生态补偿额度，再基于生态补偿机制、模式，可以针对库区内各区(县、自治县)进行精准补偿。

通过比较分析，虽然这些方法在生态补偿标准量化研究中得到了广泛应用，但由于其各自的特点、理论依据和适用条件不同，核算的结果往往差异很大。生态系统服务价值法和机会成本法确定的结果偏重理论性；条件价值法确定的结果偏重主观性，在生态补偿标准核算过程中，都只能作为参考值。将生态足迹思想引入生态补偿标准核算中，可以扩大生态补偿标准的核算范围，提高核算结果的准确性。基于以往的研究成果，生态足迹思想在大型库区生态补偿评价中应用是可行的，本章在大型库区生态补偿标准评价中将生态足迹思想与其他方法相结合，采取兼顾主观方法和客观方法的思路，避免一种方法的不确定性和随意性，使研究结果更接近实际，具有参考价值。不过基于生态系统服务价值测算生态补偿时，存在一定的不足之处，多数学者通过Costanza和谢高地等确定的评估方法计算生态系统服务价值，即使是对同一地区的测算，也存在计算结果的差异性，本书通过对多个学者的研究结果进行对比，选择了一个处于中间段的成果。

在研究时间内，重庆三峡库区随着经济发展，引起了生态足迹的增加，人类活动给生态环境带来了更大的影响，导致地类的变化，逐渐朝着建筑用地靠拢，使得生态承载力有一定的下降，而建筑用地的生态系统服务价值基本为0，并不能为生态环境创造有益的价值。生态足迹和生态承载力的增加和减少导致生态赤字逐渐扩大，生态补偿额度也相应提高。

表 4-8　基于不同模型不同区域生态补偿额度的比较分析

研究区域	研究方法	生态补偿额度	实际情况
本研究	生态足迹思想 生态承载力 生态系统服务	54.92 亿元	基本符合
重庆三峡库区	机会成本法和生态系统服务价值	人均生态补偿额度最高 24771 元	偏高
重庆三峡库区	机会成本法 博弈论	三种情形 情形一：20 亿～35 亿元 情形二：35 亿～45 亿元 情形三：>45 亿元	情形二和情形三与实际相符
三峡库区消落带	条件价值法 （农户支付意愿）	549.72 元/年	带有主观性
安徽省南部长江一级支流秋浦河	机会成本法	60166.35 万元	偏高
潘家口库区	市场价值法、机会成本法和影子工程法	对林草措施生态功能的补偿为 2.56 元/hm²，对"退耕还林"的补偿为 2.06 元/hm²	偏低
厦门市莲花水库	生态服务功能价值	1.29 亿元	基本符合

(四)本 章 小 结

本章通过修正生态足迹模型计算了重庆三峡库区的生态补偿额度，得到了以下结论。

a)本章通过对均衡因子和产量因子进行修正，将生态足迹模型与生态承载力模型区域化，并采用生态系统服务价值进行了重庆三峡库区生态补偿额度的核算，结果表明核算出的生态补偿额度处于合理范围之内，说明该方法是具有实用价值的，通过生态足迹的思想计算生态补偿额度是可行的，研究结果可以作为重庆三峡库区后续发展生态补偿标准的参考依据。

b)基于"省公顷"的方法修正了生态足迹模型，并在此基础上计算了重庆三峡库区的生态足迹，发现在研究时间内，重庆三峡库区内的生态足迹有增长的趋势。经济发展越好的地方，其生态足迹也相应越高。

c) 基于修正的生态承载力模型计算了重庆三峡库区的生态承载力，在研究时间段内，重庆三峡库区内的生态承载力呈现逐年下降的趋势。经济的发展引起了生物生产性土地发生变化，在不同地类之间转换，使生态承载力有所改变。

d) 通过构建的生态安全判断模型，得出重庆三峡库区全部区(县、自治县)都处于不安全状态，特别是主城区的生态非常不健康，需要进行生态补偿。而想改变生态安全状态，从不安全变为安全，或者使不安全状态稳定，不恶化下去，可以限制建筑用地的扩张，提高土地的利用程度与效率，如提高耕地产出等方式，使农业高质高效。

e) 本章只选择了一个时间段，揭露后续发展变化是有限的，通过多年的数据，可以基于时间序列构建一个动态预测的模型，进行后续的生态足迹、生态承载力、生态补偿额度的预测。

第五章　重庆三峡库区后续发展生态补偿标准差别化模型构建[*]

在重庆三峡库区后续发展过程中，对重庆三峡库区生态环境的影响因子进行分析和比较，本章从自然价值、社会经济和社会公平 3 个角度入手，定性和定量分析这 3 个影响因子，确定其差别系数，构建重庆三峡库区后续发展生态补偿标准差别化模型。

（一）生态补偿标准差别化系数确定

1. 自然价值因子的定量分析

本章所指的自然价值是指重庆三峡库区后续发展过程中，重庆三峡库区内发生的自然灾害（滑坡、土壤侵蚀等）等对其发展产生的影响。重庆三峡库区后续发展的主要自然灾害就是滑坡和土壤侵蚀。

本章从滑坡和土壤侵蚀两种自然灾害出发，基于两种自然灾害在重庆三峡库区各个区域发生的频率、发生强度和危害程度，确定两种灾害的权重，根据权重的不同和不同区域两种灾害发生的量，由式(5.1)确定各区域的综合灾害指数：

$$R_i = \sum_{j=1}^{2} x_{ij} \times y_j \tag{5.1}$$

式中，R_i 为第 i 区域的综合灾害指数；x_{ij} 为第 i 区域第 j 种灾害指数；y_j 为第 j 种灾害的权重。

* 本章部分内容引自：官冬杰，龚巧灵，刘慧敏，郑强. 2016. 重庆三峡库区生态补偿标准差别化模型构建及应用研究. 环境科学学报，36(11): 4218-4227.

根据式(5.1)，将已有的灾害量归一化处理，采用极差标准化，确定土壤侵蚀和滑坡的权重分别为 0.2 和 0.8，最后得到综合灾害指数，见表 5-1。

表 5-1　重庆三峡库区不同区域的综合灾害指数

区(县、自治县)	土壤侵蚀模数归一化指数	滑坡体积密度归一化指数	综合灾害指数
巫溪县	0.9533	0.0064	0.1958
开州区	0.7011	0.4235	0.4790
巫山县	0.2520	0.7167	0.6238
云阳县	0.4319	0.4751	0.4665
奉节县	0.6025	0.7639	0.7316
万州区	0.5886	1.0000	0.9177
忠县	0.2660	0.4662	0.4262
石柱县	0.2774	0.2177	0.2296
丰都县	0.3476	0.4761	0.4504
长寿区	0.1589	0.1080	0.1182
渝北区	0.3580	0.0261	0.0925
北碚区	0.4838	0.0271	0.1184
涪陵区	0.4361	0.1670	0.2208
巴南区	0.0000	0.0000	0.0000
沙坪坝区	0.0823	0.1316	0.1218
江北区	0.1677	0.0685	0.0883
武隆区	0.5247	0.2922	0.3387
南岸区	0.0494	0.0099	0.0178
渝中区	1.0000	0.3470	0.4776
九龙坡区	0.1544	0.2884	0.2616
大渡口区	0.1225	0.1998	0.1843
江津区	0.1811	0.0889	0.1074

2. 社会经济因子的定量分析

不同区域的发展不同，对应的经济发展水平也不同，所以不能采用统一的补偿标准，需要根据区域的经济发展水平来确定补偿标准。自然资源的过度消耗将导致生态环境破坏，生态环境的破坏又会引起区域经济发展的不平衡，所以建立正确的补偿机制是非常重要的。

基于影响经济发展的指标有很多，本章主要选择人均 GDP、城镇化率、地区生产总值、社会消费品零售总额、城镇居民人均可支配收入和区域财政预算收入 6 个指标，来反映重庆三峡库区不同区(县、自治县)的经济发展水平。采用主成分分析法对 6 个指标进行分析，对区域经济发展水平进行综合评价。

　　本章根据已知数据，使用 SPSS19.0 进行主成分分析，将上述 6 个指标分别设为 X_1、X_2、X_3、X_4、X_5、X_6。经 Bartlett 球度检验给出相伴概率为 0.001，小于显著性 水平 0.05；检验样本数据简单相关关系与偏相关关系的相对检验值为 0.842，累计方差贡献率为 81.925%，认为适合进行因子分析。

　　通过表 5-2 中的数据，在 SPSS 中分析，得到特征值 4.915，矩阵得分 B，然后按照式(5.2)计算各指标的变量系数 A，得到表 5-3 的数据。

$$A = B / \sqrt{4.915} \tag{5.2}$$

表 5-2　重庆三峡库区各区(县、自治县)经济发展指标

区(县、自治县)	人均 GDP 元/人	城镇化率/%	地区生产总值/万元	社会消费品零售总额/万元	城镇居民人均可支配收入/元	区域财政预算收入/万元
巫溪县	16772.25	31.3	667201	223776	18111	60436
开州区	25834.41	42.14	3001665	1226046	21903	187381
巫山县	17298.85	35.84	751277	293504	21351	80008
云阳县	18878.54	38.18	1702000	754600	19737	104140
奉节县	23109.55	38.2	1814112	530000	19792	125276
万州区	48340.23	61.11	7712000	2516100	25919	540554
忠县	28474.16	38.89	2082600	635000	24455	121038
石柱县	30055.12	38.36	1199517	473604	22916	111033
丰都县	21823.31	40.66	1353700	585900	21749	128096
长寿区	52367.96	59.94	4204000	1039000	25388	313126
渝北区	76124.76	78.74	11153800	4470000	28563	500089
北碚区	54594.56	79.09	4154100	1530700	28071	246524
涪陵区	67765.25	62.18	7574800	2062600	26149	500744
巴南区	53216.48	77.59	5101000	2150000	28040	289421
沙坪坝区	73357.81	94.09	8092000	2891000	28264	600815
江北区	72817.73	95.16	3033000	1971000	28695	734018
武隆区	34338.87	38.7	1199849	1454595	24526	116077
南岸区	73314.04	94.35	6081000	3974000	28278	803756
渝中区	133608.12	100	8687000	6042000	29253	483058
九龙坡区	78559.60	91.1	9108000	4782000	28504	581242
大渡口区	45362.36	97	1490000	439000	27434	157232
江津区	43874.39	61.99	5547000	2016000	25667	474255

表 5-3　变量系数

B	A
0.9445	0.4260
0.9000	0.4059
0.8823	0.3980
0.9162	0.4133
0.9069	0.4091
0.8792	0.3966

已知变量系数可以根据式(5.3)得到区域经济综合评价得分 F_i：

$$F_i = \sum_{i=1}^{6} A_i \times ZX_{ij} \tag{5.3}$$

式中，F_i 为综合评价得分；A_i 为第 i 区域的系数；ZX_{ij} 为第 i 区域第 j 种指标标准化处理后的数据。

要得到各区域的综合得分，需要对指标数据进行标准化处理，以消除量纲的影响，标准化处理同样在 SPSS 里面处理，得到标准化处理后的结果，根据式(5.3)计算各个区域的评价得分，见表 5-4。

表 5-4　重庆三峡库区各指标标准化值和得分

区(县、自治县)	人均GDP(ZX_1)	城镇化率/%(ZX_2)	地区生产总值/万元(ZX_3)	社会消费品零售总额/万元(ZX_4)	城镇居民人均可支配收入/元(ZX_5)	区域财政预算收入/万元(ZX_6)	F
巫溪县	−1.1566	−1.3042	−1.1534	−1.0389	−2.0506	−1.1586	−3.2089
开州区	−0.8367	−0.8636	−0.4224	−0.4221	−0.9421	−0.6128	−1.6780
巫山县	−1.1380	−1.1197	−1.1271	−0.9960	−1.1034	−1.0745	−2.6770
云阳县	−1.0822	−1.0246	−0.8294	−0.7122	−1.5753	−0.9707	−2.5308
奉节县	−0.9329	−1.0237	−0.7942	−0.8505	−1.5592	−0.8799	−2.4673
万州区	−0.0424	−0.0927	1.0527	0.3719	0.2319	0.9056	0.9710
忠县	−0.7435	−0.9957	−0.7102	−0.7858	−0.1961	−0.8981	−1.7647
石柱县	−0.6877	−1.0172	−0.9867	−0.8852	−0.6460	−0.9411	−2.1019
丰都县	−0.9783	−0.9238	−0.9384	−0.8161	−0.9871	−0.8677	−2.2504
长寿区	0.0998	−0.1403	−0.0459	−0.5372	0.0767	−0.0722	−0.2519
渝北区	0.9383	0.6238	2.1304	1.5744	1.0048	0.7316	2.8527
北碚区	0.1784	0.6380	−0.0615	−0.2346	0.8610	−0.3586	0.4236
涪陵区	0.6433	−0.0492	1.0097	0.0928	0.2991	0.7344	1.1079
巴南区	0.1298	0.5770	0.2350	0.1466	0.8519	−0.1741	0.7231
沙坪坝区	0.8406	1.2476	1.1717	0.6026	0.9174	1.1647	2.4171

续表

区(县、自治县)	人均GDP(ZX₁)	城镇化率/%(ZX₂)	地区生产总值/万元(ZX₃)	社会消费品零售总额/万元(ZX₄)	城镇居民人均可支配收入/元(ZX₅)	区域财政预算收入/万元(ZX₆)	F
江北区	0.8216	1.2910	−0.4126	0.0364	1.0434	1.7373	1.8408
武隆区	−0.5365	−1.0034	−0.9866	−0.2814	−0.1753	−0.9194	−1.5812
南岸区	0.8391	1.2581	0.5419	1.2692	0.9215	2.0372	2.7933
渝中区	2.9672	1.4877	1.3580	2.5419	1.2065	0.6584	4.2136
九龙坡区	1.0242	1.1260	1.4898	1.7665	0.9876	1.0805	3.0489
大渡口区	−0.1475	1.3658	−0.8957	−0.9065	0.6748	−0.7425	−0.2579
江津区	−0.2000	−0.0570	0.3747	0.0641	0.1582	0.6205	0.3781

3. 社会公平因子的定量分析

本章的社会公平指人均农业产值产生的影响,主要体现为自然地理条件不同所引起的各地农业生产中投入产出的先天不平等(同工不同酬),地理条件不同带来的自然资源也不同,农业投入和产出也不同,有的甚至造成很大的差异。

本章选择的社会公平下不同自然资源包括森林覆盖率、耕地比率和人均水资源 3 个指标。采用层次分析法对 3 个指标进行分析,确定 3 个指标的权重,根据 3 个指标的相互重要性,确定判断矩阵,得到人均水资源、耕地比率和森林覆盖率的权重为 0.375、0.375、0.25,并且满足检验系数 CR=0.019<0.1,表示判断矩阵合理。

根据各指标的权重,将指标数据标准化处理,采用极差标准化,把得到的标准化指标和权重连乘求和[式(5.4)],得到不同区域的自然价值 W_i,见表 5-5。

表 5-5 重庆三峡库区自然资源指标标准化值和资源价值

区(县、自治县)	人均水资源	耕地比率	森林覆盖率	W_i	区(县、自治县)	人均水资源	耕地比率	森林覆盖率	W_i
巫溪县	0.9202	0.4938	1.0000	0.7802	北碚区	0.0732	0.7406	0.5675	0.4471
开州区	0.5956	0.8133	0.6380	0.6879	涪陵区	0.8444	0.3988	0.6503	0.6288
巫山县	0.8948	0.4600	0.9785	0.7527	巴南区	0.1377	0.4276	0.4816	0.3324
云阳县	0.3827	0.7855	0.7331	0.6213	沙坪坝区	0.0338	0.7368	0.5583	0.4285
奉节县	0.9202	0.5197	0.7638	0.7309	江北区	0.0268	0.2636	0.4356	0.2178
万州区	0.5725	1.0000	0.4540	0.7032	武隆区	0.9130	0.5233	0.9663	0.7802
忠县	0.5478	0.4380	0.4785	0.4893	南岸区	0.0362	0.9829	0.4202	0.4872

续表

区(县、自治县)	人均水资源	耕地比率	森林覆盖率	W_i	区(县、自治县)	人均水资源	耕地比率	森林覆盖率	W_i
石柱县	1.0000	0.6266	0.8341	0.8185	渝中区	0.0000	0.0000	0.0000	0.0000
丰都县	0.3302	0.3427	0.6380	0.4118	九龙坡区	0.0380	0.5869	0.4540	0.3479
长寿区	0.1641	0.6016	0.3681	0.3792	大渡口区	0.0280	0.3030	0.1933	0.1725
渝北区	0.1120	0.5219	0.3405	0.3228	江津区	0.3269	0.4328	0.6503	0.4475

$$W_i = \sum_{j=1}^{3} m_{ij} \times n_j \tag{5.4}$$

式中，W_i 为第 i 区域的自然价值；m_{ij} 为第 i 区域第 j 种指标数据；n_j 为第 j 种指标数据的权重。

(二)生态补偿标准差别化模型构建

1. 生态补偿标准上限模型

本章采用生态系统服务价值法来进行生态补偿标准上限模型建立，生态系统服务价值计算需要重庆三峡库区的土地利用类型，根据土地利用一级分类，可将其分为耕地、林地、草地、水域、城乡工矿居民用地和未利用地。本章研究的生态系统服务价值法需要重庆三峡库区的耕地、林地、草地和水域四种土地利用类型的面积。

本章利用生态系统服务价值法，主要根据谢高地等参考 Costanza 等对生态系统服务价值的量化，针对中国各生态系统的具体情况，制定出中国陆地单位生态系统服务价值表，并在我国青藏高原得到了实际应用。根据研究区的实际情况，本章采用中国陆地单位系统服务价值表，计算重庆三峡库区的生态系统服务价值。

表 5-6 为中国不同陆地生态系统单位面积服务价值，本章需要林地、草地、耕地和水域 4 个土地利用类型计算重庆三峡库区的生态系统服务价值，见表 5-7。

表 5-6　中国不同陆地生态系统单位面积服务价值　　（单位：元/hm²）

项目	森林	草地	农田	湿地	水体	荒漠
气体调节	3097	707.9	442.4	1592.7	0	0
气候调节	2389.1	796.4	787.5	15130.9	407	0

续表

项目	森林	草地	农田	湿地	水体	荒漠
水源涵养	2831.5	707.9	530.9	13715.2	18033.3	26.5
土壤形成与保护	3450.9	1725.5	1291.9	1513.1	8.8	17.7
废物处理	1159.2	1159.2	1451.2	16086.6	16086.6	8.8
生物多样性保护	2884.6	964.5	628.2	2212.2	2203.3	300.8
食物生产	88.5	265.5	884.9	265.5	88.5	8.8
原材料	2300.6	44.2	88.5	61.9	8.8	0
娱乐文化	1132.6	35.4	8.8	4910.9	3840.2	8.8

表 5-7　重庆三峡库区土地利用类型生态系统服务总价值

土地利用类型	单位面积服务价值/(元/hm²)	土地利用面积/hm²	生态系统服务总价值/万元
林地	19334.00	11974327.38	23151164.56
草地	6406.50	469301.94	300658.29
耕地	6114.30	7272273.06	4446485.92
水域	40676.50	2308674.24	9390878.77

由表 5-7 可以看出，林地生态系统服务总价值最大，草地最小，因为重庆三峡库区加大了植树造林，森林覆盖率显著提高，林地用地面积增加，长江穿过三峡库区，水资源较丰富，所以林地和水域的生态系统服务总价值较大。

2. 生态补偿标准下限模型

本章生态补偿标准下限模型采用机会成本法，重庆三峡库区的后续发展需要考虑到对重庆三峡库区进行保护，从而极大地影响重庆三峡库区的经济发展，因为生态保护，会放弃很多发展机会。因此，在对某一区域进行生态补偿时，必须对区域受偿者自身发展的损失进行补偿。由于难以衡量生态保护限制某一区域人自身发展的损失，本章从生态保护限制社会发展的角度考虑这部分补偿，而衡量某一区域的发展，最重要的是工业发展，同时还要考虑对于生态保护和生态建设的投入，因此，需要对这些区域损失的机会成本进行补偿。所以，根据式(5.5)计算区域的机会成本。

$$E = E_{损} + E_{投} \tag{5.5}$$

式中，E 为区域补偿的机会成本；$E_{损}$ 为区域发展经济的损失；$E_{投}$ 为区域生态保护和生态建设投入。

生态保护会造成区域的经济损失，使得区域的经济发展受到限制，经济发展落后于一些地区，所以经济损失这部分的计算，需要选择参照区域和补偿区域进行对比，计算参照区域和补偿区域之间的经济发展差，得到补偿成本[式(5.6)]。

$$E_{损} = (T_0 - T) \times N_c + (S_0 - S) \times N_n \tag{5.6}$$

式中，$E_{损}$ 为区域的机会成本；T_0 为参照区域城镇人均可支配收入；T 为补偿区域城镇人均可支配收入；N_c 为补偿区域城镇人口数；S_0 为参照区域农村人均可支配收入；S 为补偿区域农村人均可支配收入；N_n 为补偿区域农村人口数。

区域的生态保护和生态建设投入包括诸多方面(林业建设、水土保持投入、生态移民投入、对环境保护的投入等)。这些数据主要从各个区域的统计年鉴、政府报告和期刊文献中取得。

3. 生态补偿标准差别化模型构建

很多文献中都提到过，生态补偿必须建立在公平的基础上，如果全都按照统一的补偿标准，必然会导致有些区域不平衡。不同的区域，其自然地理条件不同，会造成各地区域社会生产中的投入与产出先天不平等，从而引起区域社会经济发展的差异，所以，在建立生态补偿标准模型过程中，需要考虑区域差异条件对模型建立的影响，所以本章引入自然价值差异系数、社会经济差异系数和社会公平差异系数。自然价值差异系数，主要是区域的灾害程度不同而引起的各地区投入和产出不同；社会经济差异系数，指的是区域地理位置条件不同引起的区域之间的经济发展差异；社会公平差异系数，主要是指区位条件不同，各区域拥有的自然资源不同，从而造成投入产出和经济发展程度不同。具体差异系数设定为式(5.7)：

$$\begin{cases} O = 1 + r \\ P = 1 + f \\ Q = 1 + w \end{cases} \tag{5.7}$$

式中，O 为自然价值差异系数；r 为综合灾害指数归一化处理后的值；P 为社会经济差异系数；f 为区域综合经济评分的归一化值；Q 为社会公平差异系数；w 为自然资源价值的归一化值。本章对得到的 3 个因子指标都进行归一化处理。

通过添加以上得到的 3 个影响因子的差异系数，可以得到灾害、自然资源和社会经济对生态补偿标准的影响，不同区域的差异系数不同，对生态补偿标准的影响就不同，而且主要是对机会成本的影响，不同区域的发展程度不同，机会成本差距就大。所以对于生态补偿标准的模型建立就需要把 3 个差异系数结合起来，就可以设定为以下公式模型：

$$Z = O \times P \times Q \times E \tag{5.8}$$

$$Z_x = \begin{cases} Z & \text{if } Z \leqslant \text{ESV} \\ \text{ESV} & \text{if } Z > \text{ESV} \end{cases} \tag{5.9}$$

式中，Z 为区域实际损失的成本；Z_x 为生态补偿标准；ESV 为区域生态系统服务价值。

为构建差别化模型，先对自然价值、社会经济和社会公平 3 个影响因子进行定性和定量分析，得到 3 个影响因子具体的指标数值和评价得分，然后利用生态系统服务价值法和机会成本法分别构建上限模型和下限模型，最后根据构建的上限模型和下限模型，引入差异系数，得到最终的生态补偿标准差别化计量模型。

(三)重庆三峡库区后续发展生态补偿标准测算

1. 生态补偿标准因子评价分析

(1)自然价值因子评价分析

根据式(5.8)计算重庆三峡库区各区域的综合灾害指数，现将这些灾害指数进行归一化处理，结果见表 5-8。

表 5-8　重庆三峡库区各区(县、自治县)综合灾害指数和归一化值

区(县、自治县)	综合灾害指数	归一化值	区(县、自治县)	综合灾害指数	归一化值
巫溪县	0.1958	0.2133	北碚区	0.1184	0.1290
开州区	0.4790	0.5220	涪陵区	0.2208	0.2406
巫山县	0.6238	0.6797	巴南区	0.0000	0.0000
云阳县	0.4665	0.5083	沙坪坝区	0.1218	0.1327
奉节县	0.7316	0.7972	江北区	0.0883	0.0963
万州区	0.9177	1.0000	武隆区	0.3387	0.3691
忠县	0.4262	0.4644	南岸区	0.0178	0.0194
石柱县	0.2296	0.2502	渝中区	0.4776	0.5205
丰都县	0.4504	0.4908	九龙坡区	0.2616	0.2851
长寿区	0.1182	0.1288	大渡口区	0.1843	0.2009
渝北区	0.0925	0.1008	江津区	0.1074	0.1170

根据表 5-8 中的归一化值,将数据导入到 ArcGIS 中,得到图 5-1,将 22 个区(县、自治县)一共分为 3 个灾害区。其中高级灾害区是万州区、奉节县和巫山县,由于靠近三峡大坝,受到蓄水的影响,地质条件复杂,万州区整个区都位于不稳定的滑坡体上,所以经常有滑坡灾害出现,3 个区(县)的平均海拔都较高,地势险峻,人为干扰影响较小;中级灾害区一共包括 11 个区(县、自治县),其中有 8 个区(县)灾害指数相对较高,且大多距离高级灾害区近,离三峡大坝较近,受到的影响就比低灾害区大,同时渝中区受雨水的影响,经常发生滑坡和土壤侵蚀等自然灾害,因为灾害指数较高;低级灾害区一共包括 8 个区(县),且都集中在一起,低灾害区的经济发展相对于其他灾害区较好,对生态环境保护投入较多,城市建设比较好,所以自然灾害发生的频率小于其他灾害区。所以在设定生态补偿标准时,对高级灾害区的补偿应该要比对低级灾害区的补偿多一些。

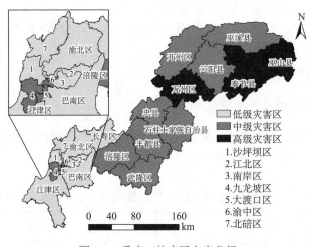

图 5-1 重庆三峡库区灾害分级

(2)社会经济因子评价分析

上文对于重庆三峡库区各个区(县、自治县)的综合经济实力做了主成分分析,得到了各个区域的评分,不同的评分代表区域的经济发展水平不同,对区域的生态补偿支付能力也不同,所以能否制定合理的生态补偿标准对区域的经济发展水平有很大的影响。对上述区域经济实力的评分做归一化处理,得到表 5-9 的结果。

表5-9 重庆三峡库区经济发展综合评分和归一化值

区（县、自治县）	F 综合评分	归一化值	区（县、自治县）	F 综合评分	归一化值
巫溪县	−3.2089	0.0000	北碚区	0.4236	0.4894
开州区	−1.6780	0.2062	涪陵区	1.1079	0.5816
巫山县	−2.6770	0.0717	巴南区	0.7231	0.5297
云阳县	−2.5308	0.0914	沙坪坝区	2.4171	0.7580
奉节县	−2.4673	0.0999	江北区	1.8408	0.6803
万州区	0.9710	0.5631	武隆区	−1.5812	0.2193
忠县	−1.7647	0.1946	南岸区	2.7933	0.8086
石柱县	−2.1019	0.1491	渝中区	4.2136	1.0000
丰都县	−2.2504	0.1291	九龙坡区	3.0489	0.8431
长寿区	−0.2519	0.3984	大渡口区	−0.2579	0.3976
渝北区	2.8527	0.8166	江津区	0.3781	0.4833

　　将表5-9中的归一化值导入到ArcGIS中，对值进行分级，得到3个经济发展等级，从图5-2中可以看出高级经济发展区主要集中在主城区，包括6个区，主城区的第三产业发展较快，科教、居民生活水平等都较高，使主城区的经济发展相对于其他区（县、自治县）较好；中级经济发展区一共包括7个区，中级经济发展区都在较高一级的区，这些区里面的工业较为发达，都有自己的特色产业，经济发展水平相对较好，城镇化率较高，居民生活水平较好；低级经济发展区主要是一些远离主城的县城，由于受到地势条件的影响，工业和第三产业发展都较慢，以农业为主，城镇化率较低，经济发展相对落后。

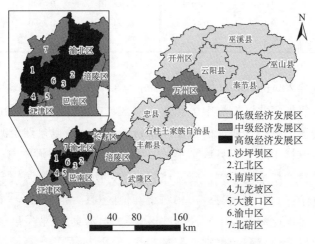

图 5-2 重庆三峡库区经济发展分级

分别对比图 5-1 和图 5-2，不难看出，经济发展较为迅速的地区，灾害等级相对较低，除了个别区(县、自治县)情况不同。例如，奉节县和巫山县经济发展相对落后且处于高级灾害区，地质灾害频发。而万州区是重庆最大的一个区，工业较为发达，所以经济发展相对较好，但还是因为地势原因，灾害较多；同样，渝北区、江北区和沙坪坝都位于主城区，经济发展快，城市建设快，灾害相对较少。

(3)社会公平因子评价分析

本章的社会公平基于自然资源价值的不同，从而引起生产的投入和产出不同，不同的区域有不同的资源条件，有的资源丰富，有的资源匮乏。所以造成的生态系统服务价值不同，补偿标准也不同。将得到的重庆三峡库区各区域的自然资源价值进行归一化处理，得到表 5-10 结果。

表 5-10　重庆三峡库区自然资源和归一化值

区(县、自治县)	W	归一化值	区(县、自治县)	W	归一化值
巫溪县	0.7089	0.9533	北碚区	0.4594	0.5462
开州区	0.4076	0.8404	涪陵区	0.4213	0.7682
巫山县	0.4630	0.9196	巴南区	0.5128	0.4061
云阳县	0.3968	0.7591	沙坪坝区	0.4324	0.5236
奉节县	0.3982	0.8930	江北区	0.4239	0.2661
万州区	0.3590	0.8591	武隆区	0.4489	0.9532
忠县	0.4092	0.5978	南岸区	0.4205	0.5953
石柱县	0.4556	1.0000	渝中区	0.0000	0.0000
丰都县	0.3961	0.5031	九龙坡区	0.4100	0.4250
长寿区	0.4680	0.4633	大渡口区	0.2500	0.2107
渝北区	0.4544	0.3944	江津区	0.4017	0.5467

将数据导入 ArcGIS 中进行分区，分为 3 个等级，由图 5-3 可以看出，低级资源区包括江北区、渝中区和大渡口区，由表 5-5 可以看出，这几个区域森林覆盖面积少，耕地面积少，水资源较少，所以自然资源较少；而中级资源区包括 10 个区(县)，在这些区(县)中有的水资源丰富，有的森林覆盖率高，有的耕地比率大，资源比较平均，所以自然资源较多；而高级资源区的 9 个区(县、自治县)，相对于其他区(县、自治县)，水资源、森林覆盖率和耕地比率都要丰富，这些区(县、自治县)工业发展较弱，生态环境保存较好，自然资源丰富。

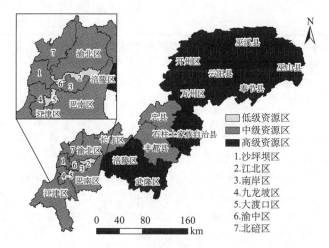

图 5-3　重庆三峡库区自然资源分区

和图 5-2 相比，资源丰富的地区，经济发展都比较薄弱，因为这些地区的工业和第三产业发展比较慢，以农业为主，经济发展相对落后，对生态补偿的支付能力比较弱，所以这些区域的生态系统服务价值较大，机会成本也相对较大。

2. 重庆三峡库区后续发展区域间生态补偿标准测算

生态补偿标准的测算，是对生态补偿标准的一个定量分析，补偿的最低标准需要满足补偿区居民的最低生活水平，因为各区域的发展水平不同，人均需求也不同，收入也不同，所以需要考虑居民的生活水平，这里以人均收入支配来计算，以重庆三峡库区各区域的城镇和农村人均可支配收入为基础，参照全国的城镇和农村人均可支配收入，2014 年全国城镇人均可支配收入为 28844 元，农村人均可支配收入为 10489 元。重庆三峡库区各区域城镇和农村人均可支配收入见表 5-11。

表 5-11　重庆三峡库区各区（县、自治县）人均可支配收入表

区（县、自治县）	区域常驻人口/万人	城镇人均可支配收入/元	农村人均可支配收入/元	城镇化率/%	城镇人口/万人	农村人口/万人
巫溪县	39.23	18111	6392	31.3	12.28	26.95
开州区	116.78	21903	9097	42.14	49.21	67.57
巫山县	46.98	19688	6266	35.84	16.84	30.14
云阳县	89.87	19737	8084	38.18	34.31	55.56
奉节县	77.39	19792	7513	38.2	29.56	47.83
万州区	160.46	25919	9562	61.11	98.06	62.40

续表

区(县、自治县)	区域常驻人口/万人	城镇人均可支配收入/元	农村人均可支配收入/元	城镇化率/%	城镇人口/万人	农村人口/万人
忠县	72.15	24455	9803	38.89	28.06	44.09
石柱县	39.21	22916	8586	38.36	15.04	24.17
丰都县	64	21749	8679	40.66	26.02	37.98
长寿区	80.9	25388	10863	59.94	48.49	32.41
渝北区	150.35	28563	12458	78.74	118.39	31.96
北碚区	77.09	28071	13169	79.09	60.97	16.12
涪陵区	113.61	26149	9963	62.18	70.64	42.97
巴南区	97.37	28040	12548	77.59	75.55	21.82
沙坪坝区	111.2	28264	13864	94.09	104.63	6.57
江北区	83.87	28695	14125	95.16	79.81	4.06
武隆区	34.81	24526	8489	38.7	13.47	21.34
南岸区	65.1	27053	14016	94.35	61.42	3.68
渝中区	65	27827	0	100	65.00	0.00
九龙坡区	115.94	27125	13145	91.1	105.62	10.32
大渡口区	32.05	27434	14035	97	31.09	0.96
江津区	126.42	25667	12318	61.99	78.37	48.05

　　根据表 5-11 中的数据，利用式(5.6)可以计算出重庆三峡库区各区域工业发展损失的值，这里主要参照全国人均可支配收入，结果见表 5-12。

表 5-12　重庆三峡库区各区(县、自治县)的工业发展损失值

区(县、自治县)	参照全国工业损失/万元	人均损失值/元	区(县、自治县)	参照全国工业损失/万元	人均损失值/元
巫溪县	242208.69	6174.07	北碚区	3929.8709	50.98
开州区	435630.11	3730.35	涪陵区	212982.87	1874.68
巫山县	281456.58	5990.99	巴南区	15813.054	162.40
云阳县	446098.83	4963.82	沙坪坝区	38504.056	346.26
奉节县	409937.31	5297.03	江北区	−2867.851	−34.19
万州区	344664.52	2147.98	武隆区	100846.87	2897.07
忠县	153397.88	2126.10	南岸区	97033.698	1490.53
石柱县	135156.48	3446.99	渝中区	66105	1017.00
丰都县	253368.38	3958.88	九龙坡区	154156.72	1329.63
长寿区	155465.69	1921.70	大渡口区	40425.306	1261.32
渝北区	−29671.57	−197.35	江津区	161086.82	1274.22

由表 5-12 可以看出，渝北区和江北区的工业损失值为负，说明这两个地区受三峡库区的影响较小，经济发展较快，第二产业和第三产业发展相比其他区(县、自治县)要好一些，同时可以看出，远离主城区的渝东北地区的几个区(县)的人均损失值都比较高，说明这些地区的经济发展相对落后，居民基本生活需求低于其他区(县、自治县)。当然结合表 5-12 来看，三峡库区大多数区(县、自治县)的城镇人均可支配收入是低于全国水平的，而几个主要区(县、自治县)的农村可支配收入远远高于全国水平，这也是江北区和渝北区工业损失值为负的一个原因；在巫溪县和巫山县这些地区，城镇化率比较低，农村人口占大多数，而农村可支配收入又少，所以损失值就比较大，对于他们的补偿也就更多。

通过添加各区域的生态保护和建设投入，可以得到各区域的人均机会成本，结果见表 5-13。

表 5-13 重庆三峡库区各区(县、自治县)机会成本

区(县、自治县)	参照全国工业损失/万元	生态保护和建设投入/万元	E 机会成本/万元	人均机会成本/元
巫溪县	242208.69	34890.00	277098.69	7063.44
开州区	435630.11	69010.00	504640.11	4321.29
巫山县	281456.58	55340.00	336796.58	7168.94
云阳县	446098.83	45900.00	491998.83	5474.56
奉节县	409937.31	8923.00	418860.31	5412.33
万州区	344664.52	128400.00	473064.52	2948.18
忠县	153397.88	20000.00	173397.88	2403.30
石柱县	135156.48	34900.00	170056.48	4337.07
丰都县	253368.38	3240.00	256608.38	4009.51
长寿区	155465.69	73000.00	228465.69	2824.05
渝北区	−29671.57	57800.00	28128.43	187.09
北碚区	3929.87	46800.00	50729.87	658.06
涪陵区	212982.87	23000.00	235982.87	2077.13
巴南区	15813.05	12900.00	28713.05	294.89
沙坪坝区	38504.06	6791.00	45295.06	407.33
江北区	−2867.85	9372.00	6504.15	77.55
武隆区	100846.87	48900.00	149746.87	4301.83
南岸区	97033.70	5780.00	102813.70	1579.32
渝中区	66105.00	3480.00	69585.00	1070.54
九龙坡区	154156.72	12570.00	166726.72	1438.04
大渡口区	40425.31	23900.00	64325.31	2007.03
江津区	161086.82	46370.00	207456.82	1641.01

由表 5-13 可以看出，受生态建设和保护投入的影响，某些区域的机会成本与工业损失相比发生了变化，但是和工业损失值差不多，最后的人均机会成本较低的还是那些地区，较高的也还是那些地区。

前文我们对 3 个影响因子进行定性和定量分析，最后得出了归一化值，从而根据式(5.7)可以得到 3 个影响因子的差异系数，然后将得到的差异系数和机会成本根据式(5.8)计算得到各个区域的实际损失成本，见表 5-14。

表 5-14 重庆三峡库区各区(县、自治县)人均实际损失成本

区(县、自治县)	自然价值系数	社会经济系数	社会公平系数	人均机会成本/元	人均实际损失成本/元
巫溪县	1.21	1.00	1.95	7063.44	16739.89
开州区	1.52	1.21	1.84	4321.29	14600.62
巫山县	1.68	1.07	1.92	7168.94	24771.20
云阳县	1.51	1.09	1.76	5474.56	15852.95
奉节县	1.80	1.10	1.89	5412.33	20253.08
万州区	2.00	1.56	1.86	2948.18	17135.21
忠县	1.46	1.19	1.60	2403.30	6717.43
石柱县	1.25	1.15	2.00	4337.07	12461.71
丰都县	1.49	1.13	1.50	4009.51	10144.81
长寿区	1.13	1.40	1.46	2824.05	6522.89
渝北区	1.10	1.82	1.39	187.09	521.70
北碚区	1.13	1.49	1.55	658.06	1711.03
涪陵区	1.24	1.58	1.77	2077.13	7206.46
巴南区	1.00	1.53	1.41	294.89	634.29
沙坪坝区	1.13	1.76	1.52	407.33	1235.73
江北区	1.10	1.68	1.27	77.55	180.86
武隆区	1.37	1.22	1.95	4301.83	14026.17
南岸区	1.02	1.81	1.60	1579.32	4645.09
渝中区	1.52	2.00	1.00	1070.54	3255.41
九龙坡区	1.29	1.84	1.42	1438.04	4853.48
大渡口区	1.20	1.40	1.21	2007.03	4078.18
江津区	1.12	1.48	1.55	1641.01	4205.19

由表 5-14 可以看出，随着差异系数的引入，人均实际损失成本相对于机会成本变化很大，说明各个差异系数对生态补偿标准的确定有很大的影响。差异系数越大，影响就越大。当然不同区域的各项差异系数有的大有的小，社会经济系数小的地区，社会公平系数就偏大一些。

对于生态补偿标准的测算，不仅要考虑实际损失成本，还要考虑生态

系统服务价值这个上限，根据前文对生态系统服务价值的测算，我们可以计算出重庆三峡库区各区（县、自治县）的生态系统服务总价值和人均生态系统服务价值，结果见表5-15。

表5-15 重庆三峡库区各区（县、自治县）生态系统服务价值

区（县、自治县）	草地/万元	耕地/万元	林地/万元	水域/万元	生态系统服务总价值/万元	人均生态系统服务价值/元
巫溪县	60500.55	108527.71	752627.46	6077.07	927732.78	23648.55
开州区	48660.49	148844.65	799538.60	21269.01	1018312.75	8719.92
巫山县	22942.89	30859.93	669038.98	294238.87	1017080.67	21649.23
云阳县	42430.08	167239.32	2677704.90	298554.32	3185928.63	35450.41
奉节县	45285.50	31718.82	1048081.64	297669.49	1422755.45	18384.23
万州区	7079.02	305126.66	2115019.27	274688.65	2701913.59	16838.55
忠县	7516.30	171562.15	1577319.67	274173.56	2030571.69	28143.75
石柱县	9846.80	28154.00	1486237.10	273548.65	1797786.56	45850.21
丰都县	20799.90	390926.69	3067416.75	548909.07	4028052.41	62938.32
长寿区	222.10	623621.49	271166.43	840902.36	1735912.37	21457.51
渝北区	775.39	240539.03	390360.71	1358943.21	1990618.34	13239.90
北碚区	1507.19	116186.99	153118.49	545688.96	816501.63	10591.54
涪陵区	7398.62	894022.12	4619951.35	1087412.81	6608784.90	58170.80
巴南区	86.26	191922.66	119759.80	543685.72	855454.44	8785.61
沙坪坝区	220.60	77670.20	16882.76	271659.63	366433.20	3295.26
江北区	108.46	57973.40	154542.38	543069.96	755694.19	9010.30
武隆区	11802.81	54746.29	2977946.51	546247.97	3590743.59	103152.65
南岸区	146.22	189243.31	85763.73	271940.06	547093.32	8403.89
渝中区	36.50	78.20	0.00	271571.40	271686.10	4179.79
九龙坡区	335.05	266602.06	19806.58	271871.23	558614.92	4818.14
大渡口区	22.14	77488.55	297.55	271523.08	349331.33	10899.57
江津区	12935.40	273431.67	148583.90	277233.70	712184.66	5633.48

本章分析的生态系统服务价值，利用土地利用类型的一级分类，包括草地、耕地、林地和水域几个一级土地利用类型，结合表5-7可以看出，单位面积的水域服务价值是最高的，林地次之，最后相对较小的是草地和耕地。重庆是一个水资源比较丰富的地区，长江、嘉陵江和乌江河流流经重庆，所以重庆三峡库区的水资源丰富，水域的生态系统服务价值比较高，渝东北地区的平均海拔高于主城区，森林覆盖面积比较大，耕地和草地面积都相对较大，其生态系统服务价值相对主城区要高。

　　生态系统服务价值是生态补偿标准的上限，所以得到最终的生态补偿额度，需要将生态系统服务价值和实际损失成本结合起来，根据式(5.9)可以得到重庆三峡库区人均生态补偿额度，见表5-16。

表5-16　重庆三峡库区各区(县、自治县)人均生态补偿额度

区(县、自治县)	人均生态补偿额度/元	区(县、自治县)	人均生态补偿额度/元
巫溪县	16739.89	北碚区	1711.03
开州区	8719.92	涪陵区	7206.46
巫山县	21649.23	巴南区	634.29
云阳县	15852.95	沙坪坝区	1235.73
奉节县	18384.23	江北区	180.86
万州区	16838.55	武隆区	14026.17
忠县	6717.43	南岸区	4645.09
石柱县	12461.71	渝中区	3255.41
丰都县	10144.81	九龙坡区	4818.14
长寿区	6522.89	大渡口区	4078.18
渝北区	521.70	江津区	4205.19

　　从表5-16看出，重庆三峡库区各个区(县、自治县)的人均生态补偿额度都不一样，有高有低，以机会成本为补偿下限，生态系统服务价值为补偿上限，其中有5个区(县)的机会成本超过了生态系统服务价值，所以补偿标准按照生态系统服务价值来算。

3. 重庆三峡库区后续发展区域间生态补偿标准差异化分析

　　前面已经计算出重庆三峡库区各个区(县、自治县)的人均生态补偿标准，各区(县、自治县)的人均生态补偿标准都不一样，这主要受各个区(县、自治县)的自然和社会经济条件的影响，各区(县、自治县)自然价值灾害程度、自然资源和社会经济发展等都不一样。

　　将(三)2小节计算出来的人均生态补偿标准导入到 ArcGIS 中，进行可视化分析，将所有区(县、自治县)分为4个等级，每个等级间隔5000元左右。由图5-4可以看出，主城区包括江津区和北碚区10个区，为一级补偿区，这些区域以第二产业、第三产业为主，科技发展比较迅速，经济转型比较快，社会经济发展比较好，这些区域的实际损失成本都比较小，所以对于生态补偿的需求就相对少；二级补偿区包括长寿区、涪陵区等5个区(县)，发展的力度显然不如一级补偿区的几个区，这几个区(县)主要发展

农牧业和第二产业，经济发展比一级补偿区落后，甚至开州区的实际损失成本大于其生态系统服务价值；三级补偿区包括武隆区、石柱县和云阳县，在这 3 个区(县、自治县)中，主要发展旅游经济和农牧业，这些区(县)的自然资源比较丰富，对生态环境保护的投入也比较多；四级补偿区包括奉节县、巫山县、万州区和巫溪县 4 个区(县)，万州区工业发展比较好，自然价值差异系数、社会经济差异系数和社会公平差异系数都较大，使得万州区的实际损失成本变大，超过了生态系统服务价值，其实万州区的人均机会成本远远小于同一补偿级别的 3 个县，其他 3 个县的经济发展都相对落后，实际损失成本很大，使需求的生态补偿更多。

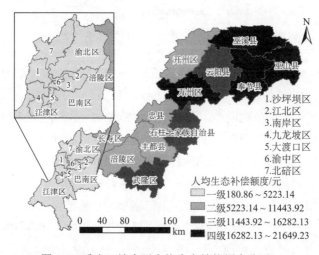

图 5-4　重庆三峡库区人均生态补偿额度分区

图 5-5 是没有考虑差异系数的人均机会成本分级图，对比图 5-4 和图 5-5 可以看出，万州区位于第二个级别，万州区的人均机会成本为 2948 元，而实际损失成本达到 17135 元，可见 3 个差异系数对于万州区的生态补偿标准的确定影响很大，从上面的差异系数看，万州区的自然价值差异系数最大，社会公平差异系数和社会经济差异系数都偏大，所以万州区的实际损失成本提了上去。其他区县的人均机会成本分区和人均生态补偿标准分区差不多，3 个差异系数一同影响生态补偿标准的确定，每个区(县、自治县)的差异系数有大有小。

设定差异系数时，差异系数是由每个区域的社会经济、自然灾害影响、资源这 3 个方面的指数和评价得分的归一化值得来的，哪个区域的灾害指数越高，需要得到的补偿就越多；哪个区域经济发展越好，承担补偿的能力就越大；区域资源越丰富，就需要越多的保护，补偿投入也就越多。

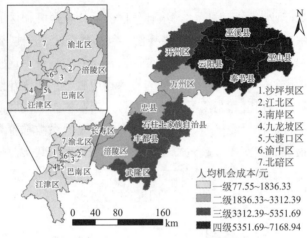

图 5-5　重庆三峡库区人均机会成本分区

图 5-6(a)~图 5-6(c)是考虑单个差异系数的生态补偿标准分级图，每一级别的生态补偿标准差不多，由图 5-6 可以看到，考虑社会经济差异系数的生态补偿标准的范围最小，最多的县才 7682.62 元，而考虑其他两个差异系数的生态补偿标准范围要广一些，最大的有 13796.75 元，并且图 5-6(a)~图 5-6(c)中，都位于最高级别的区(县)有巫山县和巫溪县，这两个区(县)的社会经济差异系数相对较小，社会公平差异系数和自然价值差异系数相对较大，因此，图 5-6(b)中的生态补偿标准范围小，巫溪县和巫山县在图 5-6 中位于最高级别，主要原因是机会成本大，受系数的影响，实际损失成本大。而对比只考虑自然价值差异系数[图 5-6(a)]、只考虑社会经济差异系数[图 5-6(b)]和只考虑社会公平差异系数[图 5-6(c)]的云阳县和奉节县两个县来看，考虑自然价值差异系数和社会公平差异系数的生态补偿标准位于第四等级，而考虑社会经济差异系数的生态补偿标准位于第三等级，这说明，这两个县的社会经济差异系数明显小于自然价值差异系数和社会公平差异系数，从而使生态补偿标准小一点。图 5-6(c)中位于第四等级的区(县、自治县)最多，说明社会公平差异系数都较大，这些地区的自然资源都比较丰富，适合开展旅游行业，这也是这些区(县、自治县)增收的一个原因。

位于主城区的江北区和渝北区经济实力雄厚，虽然社会经济差异系数较大，但是由于人均机会成本较低，而且受自然价值差异系数和社会公平差异系数的影响又比较小，最后生态补偿标准也比较低，一直位于第一级别，从图中可以看出，很多区(县、自治县)受单个差异系数影响和受 3 个差异系数影响，最后分级却没有变化，说明这些区(县、自治县)各个差异系数都比较均衡。

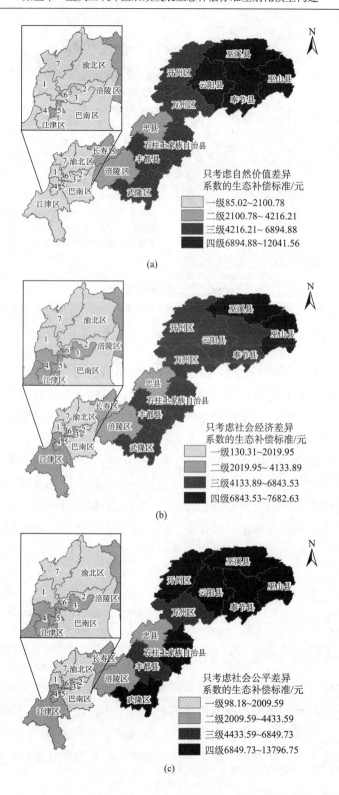

(a)

(b)

(c)

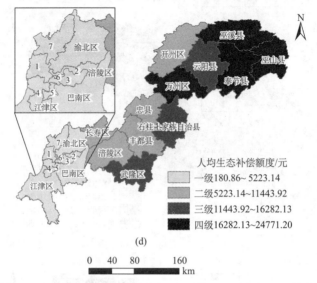

1.沙坪坝区　2.江北区　3.南岸区　4.九龙坡区　5.大渡口区　6.渝中区　7.北碚区

图 5-6　考虑单个差异系数和 3 个差异系数对比图

从图 5-6 看，图 5-6(a)～图 5-6(c)和图 5-6(d)都有一定的差别，所以只考虑单个差异系数对生态补偿标准的确定是不够全面的，需要考虑多个因素对生态补偿标准的确定的影响，只有这样才能比较正确地确定各个区域的生态补偿标准。

基于对自然价值因子、社会经济因子和社会公平因子的分析，得到重庆三峡库区不同区域间差异系数形成的原因和系数不同的原因，然后根据上述构建的差别化计量模型和已有的数据进行测算，得到重庆三峡库区各区域的人均生态补偿标准，每个区域的人均生态补偿标准都不相同，最后对形成的差异性生态补偿标准进行等级划分。

(四)重庆三峡库区后续发展生态补偿政策及建议

1. 明确补偿主体，确定补偿标准

三峡库区是长江流域重要的生态屏障，也是国家战略性淡水资源库，在生产国家必需的生态产品方面具有重要且不可替代的地位，因此，三峡库区生态环境保护显得尤为重要。所以在保护三峡库区的同时，意味着三峡库区需要放弃一些发展，对于三峡库区的生态补偿势在必行。以往对三

峡库区生态补偿的研究往往是理论的探讨，对实际应用的研究几乎没有，所以需要明确补偿的主体，确定补偿标准。

整个重庆三峡库区，受生态保护影响最大的区域是重庆三峡库区北段，这些区域受到的三峡工程的影响大，被淹没区域范围广，地域差异比较大，经济发展相对较弱，人均生活水平低于整个重庆三峡库区的平均水平，这些地区是需要重点补偿的区域。而重庆主城区周围的这些区(县)受到的影响较小，发展相对较好，这些区域需要的补偿就少一点，能承受的补偿压力也小一点，所以可以向那些需要重点补偿的区域转移，加大对那些区域的生态补偿。由上文数据可以看出，重庆三峡库区北段生态补偿标准远远高于东南段这些区域，而且这些地区的经济发展也低于整个重庆市的发展，见表5-17。

表 5-17　参照重庆市工业损失

区(县、自治县)	参照重庆市工业损失/万元	区(县、自治县)	参照重庆市工业损失/万元
巫溪县	169178.28	北碚区	−238757.37
开州区	184155.03	涪陵区	−92955.86
巫山县	188257.05	巴南区	−286785.92
云阳县	262152.41	沙坪坝区	−356467.53
奉节县	251493.35	江北区	−303181.76
万州区	−82813.95	武隆区	29110.28
忠　县	4341.84	南岸区	−134650.82
石柱县	54711.23	渝中区	−175110.00
丰都县	118100.08	九龙坡区	−248318.78
长寿区	−57510.42	大渡口区	−75923.89
渝北区	−501572.23	江津区	−178701.17

表5-17参照重庆市工业损失值，可以看出，一些区的工业损失值都为负值，说明这些区的经济发展高于整个市的平均水平，同时，参照重庆市工业损失为正值的区(县、自治县)，经济发展水平是低于全市的平均水平的，如巫溪县、巫山县、云阳县、奉节县和开州区这些区(县)的损失值还很高，应该确定这些区(县)为重点补偿的区(县)。根据上面的结论，这些区(县)的人均补偿标准都很高，区(县)总的补偿标准加起来占了生产总值的很大一部分，这对于这些区(县)来说是不能承受的，当然这也是选择不同参照的原因，使得生态补偿标准偏高，参照重庆市的城镇和农村人均可支配收入，需要相关部门申请补偿资金，不能让这些区(县)自己承担全部

的补偿责任，这对这些区域的发展是不利的。

2. 加快重点补偿区域的经济发展

在保护重庆三峡库区生态环境的同时，应该加强重庆三峡库区的经济发展，提高重庆三峡库区人们的生活水平，特别是在重点补偿区域，加强对这些区域的经济建设，有利于生态补偿能力的承担，提高人均收入，降低成本损失，减少生态补偿标准额度，有利于重庆三峡库区的发展和生态保护。

大力发展农牧业。这些区域工业发展比较薄弱，需要发展具有优势性的农牧业，不过传统的耕种方式已经不能满足需求，需要现代化农业生产，提高耕种技术，增加作物收成率，使用现代化技术，对作物进行检测、防护等。同时，需要发展高效的生态农业，同旅游经济结合起来，发展旅游观光农业，这是现在很多区(县、自治县)都在发展的产业。

大力发展旅游业。重庆三峡库区的自然资源十分丰富，风光秀丽，有很多著名的景点，在这些区域进行环境保护的同时，需要加大对旅游业的开发力度，提升自身的知名度，让更多游客前来消费，增加经济收入。

大力发展工业。在这些区域，需要淘汰污染大的工业，发展自己的优势企业，同时加大招商引资，建立生态工业园区，发挥产业集群的效应，吸引更多的企业入驻。

3. 生态补偿需要政府的引导

本章通过利用重庆三峡库区的各种数据，计算出了重庆三峡库区的各区(县、自治县)的生态补偿标准，但是只是单纯地计算出了一个额度，对于具体的实施还需要更加准确的数据计算和补偿政策的支撑。为了更好地保护重庆三峡库区的生态环境，政府部门需要加快制定正确的生态补偿机制，制定合理的生态补偿标准，确定资金来源、补偿渠道、补偿方式和保障措施，要具体落实到重庆三峡库区居民每一个人身上，这样才利于重庆三峡库区的发展和重庆三峡库区居民对于生态环境的保护。

根据研究结果，对重庆三峡库区提一些政策建议，包括需要明确重庆三峡库区的补偿主体，补偿重点补偿区域，确定补偿标准，加快重点补偿区域的经济发展，降低补偿标准，有利于区域承担生态补偿。政府部门需要加快对重庆三峡库区生态补偿机制的制定，确定正确的补偿标准，这样重庆三峡库区才能更快、更好地发展下去。

(五)本 章 小 结

本章以重庆三峡库区为研究区域,研究了重庆三峡库区后续发展的生态补偿标准和差别化模型的构建,得到的具体结论如下。

a)基于重庆三峡库区不同区域的自然价值、社会经济和社会公平条件的不同,进行影响因子的定性和定量分析,构建了不同区域生态补偿标准的差异系数。

b)应用生态服务价值法,分析重庆三峡库区各土地利用类型生态服务总价值,构建了生态补偿标准的上限模型,应用机会成本法,通过计算重庆三峡库区和参照区的人均可支配收入,确定工业损失值,构建了生态补偿标准的下限模型。

c)将生态系统服务价值法和机会成本法结合起来,引入差异系数建立了重庆三峡库区的生态补偿标准模型,对于生态补偿标准有一个明确的界定,将机会成本作为下限,计算出来的结果如果超过生态系统服务价值,则生态补偿标准就为区域的生态系统服务价值,反之,则是区域的机会成本乘以差异系数,得到的实际损失成本为生态补偿标准,反映出差异系数对于最终生态补偿标准的影响。

d)根据构建的生态补偿标准量化模型,引入差异系数,计算出重庆三峡库区各区域具体的人均生态补偿标准,明确各区域间的生态补偿标准差异很大,得到重庆三峡库区北段(巫县、巫溪县、云阳县、奉节县和开州区)生态补偿额度较大,重庆三峡库区西南段(渝北区、江北区、渝中区、江津区和北碚区等)生态补偿额度较小的结论。

e)对重庆三峡库区的生态补偿标准的差异性进行分析,说明重庆三峡库区各个区域的经济状况和自然条件不同,统一的生态补偿标准难以实行,每个区域的补偿标准都应该不同,补偿标准也应该有差异性。

重庆三峡库区的生态补偿标准的确定对于重庆三峡库区的发展起着重要的作用,本章对于重庆三峡库区的补偿标准存在一些不足之处:①对于3个因子的选择,社会公平主要考虑被补偿者支付意愿,但对于人们支付意愿的调查,没有充足的时间,只好把社会公平设定为自然资源的不同。②数据不足。对于社会经济因子的评价,选择的指标较少,数据不足,计算生态系统服务价值只考虑了土地一级分类,没有细分,对结果的影响很大。③选择参照的问题。在计算机会成本法的时候,选择的参照不同,计算出来的机会成本就会不同,对结果有很大的影响。④差异系数作用于机会成本,只是简单的相乘,而没有更深入的分类计算。

第六章　重庆三峡库区后续发展生态补偿标准动态化研究

生态补偿标准的测算和确定是生态补偿从理论走向实践的关键环节，也是研究的难点所在。本章提出动态化生态补偿额度测算的框架，结合系统动力学分析方法，从制约重庆三峡库区生态环境后续发展的主要瓶颈和胁迫因子入手，构建生态补偿标准动态化模型，通过调整参数和情景设定，对重庆三峡库区后续发展过程中的不同生态补偿建设规划方案进行动态模拟，找出重庆三峡库区成库后生态补偿标准的动态发展趋势和变化规律。

（一）重庆三峡库区后续发展生态补偿额度测算

生态补偿研究对区域的整体发展具有重要作用，同时补偿额度的确定为生态补偿标准的确定和生态补偿制度的制定提供依据与方法（肖池伟等，2016）。现阶段的生态补偿研究中，一般情况下所确定的补偿标准是固定不变的值，但其实对于大型库区的生态补偿来说，其补偿标准应该具有区域性和动态性，即补偿标准随着区域的不同、时间的变化和地区间经济状况的不同而发生动态变化和调整，如在库区生态环境建设初期与建设后期，经济落后与经济发达地区的补偿标准应该有所差别。因此，必须构建动态化生态补偿标准模型，科学地制定区域间生态补偿的分配标准，保证生态补偿政策的有效、顺利实施。

机会成本法作为一种测算生态补偿额度的方法，通常表现为生态保护的主体为了保护地区的生态环境而不得不放弃相关产业发展的机会成本，其补偿额为因保护生态环境所失去的最大经济效益。在考虑因经济发展而损失的机会成本时，同时也需要考虑对重庆三峡库区进行环境保护时所投入的资金。但是，虽然应用机会成本法充分地考虑了主体的机会成本损失，却不能全面地概括重庆三峡库区后续发展生态补偿的额度，因此，本章还引入了"生态补偿强度"的概念，生态补偿强度作为衡量动态化生态补偿标准改进程度的指标，为将动态化体现在生态补偿标准的实施之中，打破静态标准的限制，研究确定用时间函数来表示生态补偿额度，构建生态补偿强度函数关系。重庆三峡库区后续发展生态补偿额度测算公式具体如下：

$$T(t) = T_0 + P \cdot (1 - y^{t+1})/(1 - y) \quad [0 < y = a(1+b) < 1] \tag{6.1}$$

式中，$T(t)$ 为重庆三峡库区第 t 年所获得的生态补偿费用；T_0 为重庆三峡库区当年保护环境一次性所得的生态补偿费用；P 为重庆三峡库区在保护区域生态环境时所损失的机会成本；a 为第 t 年分批给付的生态补偿费用占当年总收入的比例；b 为重庆三峡库区损失的机会成本 P 随时间 t 的增值率；y 为生态补偿强度。

在式(6.1)中，重庆三峡库区当年保护环境一次性所得的生态补偿费用公式如下：

$$T_0 = E_{投} + E_{损} \tag{6.2}$$

式中，$E_{投}$ 为重庆三峡库区在进行生态保护和生态建设时投入的环保投资额；$E_{损}$ 为保护重庆三峡库区生态环境所损失的机会成本 P。其计算公式如下：

$$E_{损} = (C_0 - C) \times N_C + (S_0 - S) \times N_S \tag{6.3}$$

式中，$E_{损}$ 含义同式(6.2)；C_0 为全国城镇家庭人均可支配收入；C 为重庆三峡库区城镇家庭人均可支配收入；N_C 为重庆三峡库区城镇总人口数；S_0 为全国农村家庭人均可支配收入；S 为重庆三峡库区农村家庭人均可支配收入；N_S 为重庆三峡库区农村总人口数。

(二)重庆三峡库区生态补偿系统动力学模型的建模

1. 生态补偿系统动力学模型建模目的

本章使用 Vensim-PLE 构建生态补偿系统动力学模型，模型运行时间设定为 2000～2050 年，仿真步长为 1 年。数据从 2001～2012 年《全国环境统计公报》《中国经济与社会发展统计数据库》《重庆统计年鉴》《重庆市水资源公报》《重庆市环境统计公报》中获取。通过建立重庆三峡库区生态补偿的系统动力学模型，本章主要解决以下两个问题。

a) 全面了解重庆三峡库区生态补偿"社会-环境-经济"系统的现状及其内部结构，探讨重庆三峡库区社会经济发展与资源、环境之间的内在联系。

b) 预测重庆三峡库区生态补偿未来发展趋势，针对系统内可能存在的问题，设定不同的方案并进行情景模拟，判断并选择出最好的发展方案。

2. 生态补偿系统动力学模型建模的基本步骤

生态补偿系统动力学模型的整个建模过程主要包括以下 5 个部分(蔡林，2008)。

(1) 系统综合分析

构建生态补偿系统动力学模型首先要明确研究的问题，分析重庆三峡库区生态补偿系统的现状，以及存在的基本变量与主要变量，理清生态补偿系统内部各子系统的逻辑关系；确定研究系统的边界，收集模型中所需要的资料与数据，确定系统中的各类变量，形成初步的系统整体规划，为后面建立生态补偿系统动力学模型奠定基础，其最终目的是用构建的模型来解决问题。

(2) 分析系统结构

主要分析重庆三峡库区生态补偿系统的反馈机制，在分析系统的总体和局部之间关系的基础上，确定系统的反馈关系和因果关系图。根据系统的反馈关系图，定义系统的变量和变量的种类，逐渐细化各个子系统的变量，并确定各个子系统之间的关系，绘制流程图。

(3) 构建模型

根据变量间的关系，建立各种变量的函数方程。在建立变量方程时，只用常用的参数估计方法是无法准确表现系统变化的，所以要结合其他的统计模型(如回归模型等)来表达模型变量，最后还需要给系统的每个状态变量的初始值和表函数赋值。

(4) 模型的运行和检验

对模型进行模拟运行，是为了产生一个人工控制的可以用来描述系统运行特征的过程。通过模型的运行，可以深入地剖析整个系统，发现系统存在的问题，寻找解决的方法，并对其进行修改。对模型进行检验，可以确定建立的模型是否合适，包括模型适应性的检验、模型结构的检验，以及模型行为与实际系统一致性的检验。

(5)模型的评价和选择

根据模型的检验结果对模型进行适当的调整，构建的模型应尽可能多地反映实际情况。通过调整系统动力学模型中的参数，可以对不同情景进行模拟预测，比较分析后选出一种最优的决策方案。

(三)重庆三峡库区生态补偿系统动力学模型的总体结构

1. 生态补偿系统动力学模型的因果反馈分析

重庆三峡库区生态补偿系统动力学模型是一个动态的、复杂的系统，模型涉及的参数种类较多，本章通过分析重庆三峡库区生态补偿的内部结构，建立其后续发展生态补偿系统动力学模型。重庆三峡库区生态补偿"社会-环境-经济"系统包括6个子系统，即人口子系统、环境子系统、生产资本子系统、技术子系统、工业子系统和生态补偿子系统。根据生态补偿系统动力学的基本原理，这6个子系统之间也存在着复杂的因果反馈关系，分析各子系统的因果关系，并利用生态补偿系统动力学软件绘制整个系统的因果关系图，用于反映各子系统之间的联系(图6-1)。

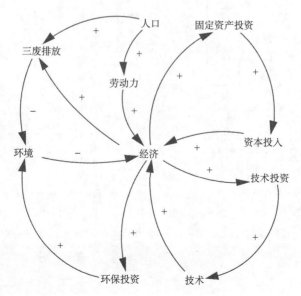

图 6-1　重庆三峡库区生态补偿"社会-环境-经济"系统因果反馈图

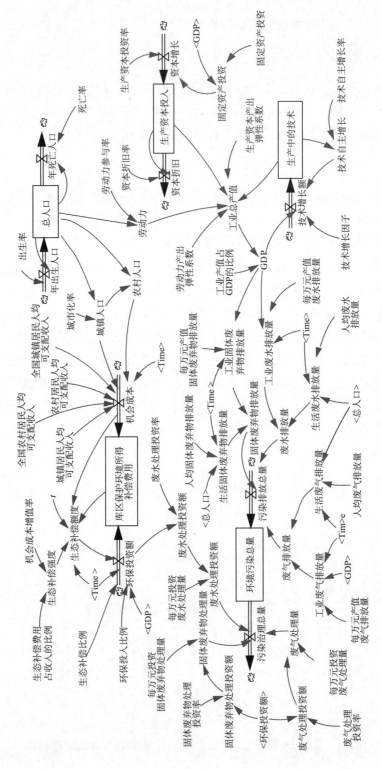

图 6-2 重庆三峡库区生态补偿"社会-环境-经济"系统动力学模型结构图

1)经济→+人口→+劳动力→+经济

2)经济→+技术投资→+技术→+经济

经济→+固定资产投资→+资本投入→+经济

3)经济→+环保投资→+环境→—经济

经济→+三废排放→—环境→—经济

经济→+人口→+三废排放→—环境→—经济

2. 生态补偿系统动力学模型结构及变量

为了使构建的生态补偿系统动力学模型更趋于现实情况，本章根据重庆三峡库区的实际情况，对其生态补偿的内部结构和各变量之间的关系进行了分析，建立了重庆三峡库区生态补偿"社会-环境-经济"系统动力学模型(图 6-2)。

本章采取的是科布-道格拉斯生产函数，公式如下：

$$Y = A_t \times L^\alpha \times K^\beta \tag{6.4}$$

式中，Y 为重庆三峡库区的工业产值；A_t 为生产中的技术水平；L 为投入的劳动力数；K 为投入的生产资本；α 为 L 的弹性系数；β 为 K 的弹性系数。

其中，$\alpha + \beta = 1$，表明此函数为不变报酬型函数，即该生产函数为规模报酬不变的生产函数(李勇进等，2006)。在上述构建的生态补偿系统动力学模型中有 3 个大的子系统，分别为社会子系统、环境子系统和经济子系统，经济子系统作为连接社会子系统和环境子系统的纽带，并作为维持生产资本的投入、技术发展的投入和污染治理的投入等而被消耗。与此同时，地区污染物也会随着 GDP 和人口的增长而不断地增加。

(四)模型各子系统介绍

1. 社会子系统

社会指标主要指能反映社会现象的指标，本章用人口子系统来表现重庆三峡库区的社会现象(图 6-3)。在整个生态补偿系统动力学模型中可以看到，重庆三峡库区的总人口是能影响其经济增长和环境污染总量的，并且根据科布-道格拉斯生产函数，劳动力的输入大小和重庆三峡库区的工业产值是有直接关系的，从而进一步影响重庆三峡库区 GDP 的变化。同时，重庆三峡库区的城镇人口和农村人口的大小也会直接影响重庆三峡库区机会成本的变化，进而影响重庆三峡库区生态补偿额度的多少。在人口子系统中，把总人口这个变量作为状态函数，把年出生人口和年死亡人口作为速率函数，通过输入出生率和死亡率这两个参数的数值，并根据相关的函数关系式来确定重庆三峡库区总人口的数量，再根据劳动力参与率这一辅助函数，就可以求出重庆三峡库区每年的劳动力人数。

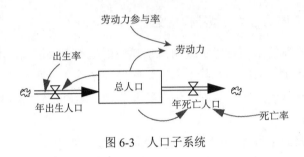

图 6-3　人口子系统

2. 环境子系统

区域环境污染主要是指废水、废气和固体废弃物的污染。区域环境污染对人类自身的健康、土地农作物的产量和经济发展有影响，这些影响与环境污染水平之间存在着非显性的关联(杨永青，2010)，而区域的环境污染水平则是由污染的排放量和处理量共同决定的。

本章的环境子系统(图 6-4)主要分为两大部分，即污染排放总量和污染治理总量。将环境污染总量作为状态函数，将污染排放总量和污染治理

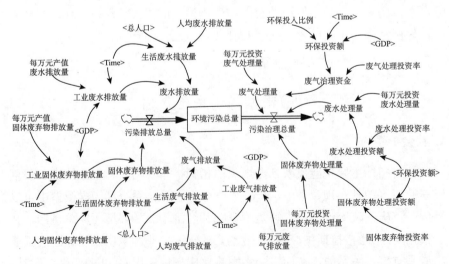

图 6-4　环境子系统

总量作为速率函数，其他为辅助函数。在这个子系统中，废水、废气和固体废弃物的排放量和治理量都与重庆三峡库区的 GDP 有密切关系，因为区域在经济快速发展的同时，会产生大量的污染物，并排放到区域的环境中，但是，与此同时环境治理资金会相对增加，污染物的治理量也会增加，而污染物的排放量也会反过来制约区域经济的增长。同时，废水、废气、固体废弃物的排放量也与区域总人口数量息息相关，总人口越多，污染物的排放量也会相对越多。由上述可以看出，总人口这个变量将社会子系统和环境子系统联系起来，GDP 则将经济子系统和环境子系统联系起来，并实现了整个模型中各子系统的相互关联性。

3. 经济子系统

经济指标是用来反映一个地区社会经济现象的指标，本章构建的生态补偿系统动力学模型主要通过 GDP、工业总产值、固定资产投资等来表现重庆三峡库区的经济发展水平。经济的发展是推动社会进步、提高人民物质文化生活水平、保障生态安全的物质基础(张梦婕，2015)，对重庆三峡库区后续发展生态补偿额度的计算影响很大。从式(6.4)中可以看出，经济的发展与生产资本的投入、技术的发展都有很大的关系，生产资本投入得多，技术不断地进行创新，都会促进经济的快速发展，本章的经济子系统包括生产资本子系统、技术子系统、工业子系统和生态补偿子系统。

(1) 生产资本子系统

根据科布-道格拉斯生产函数，当生产性投资不断增加时，可以直接影响重庆三峡库区的经济发展。而增加固定资产投资率这个参数值时，会使生产资本的投入不断增加，因此，固定资产投资的大小与重庆三峡库区经济发展的速度快慢有很大的关系。在生产资本子系统中，把生产资本投入作为状态函数，把资本增长和资本折旧作为速率函数，其他为辅助函数，重庆三峡库区 GDP 的不断增高会使固定资产投资和生产资本投入不断地增加，生产资本的增加反过来又会促进重庆三峡库区经济的发展(图 6-5)。

(2) 技术子系统

从科布-道格拉斯生产函数中可以看出，经济的发展除了与各种投资的多少有关系以外，还与技术的发展状况有密切的联系。在技术子系统里，将生产中的技术作为状态函数，将技术增长额作为速率函数，其他为辅助函数。重庆三峡库区的技术投资会随着其经济的快速发展而加大，与此同时，技术的发展反过来给经济带来的利益也是不断增加的(图6-6)。

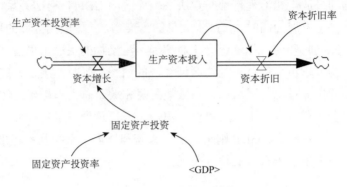

图 6-5　生产资本子系统

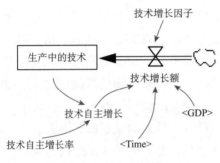

图 6-6　技术子系统

(3) 工业子系统

一个地区的国民生产总值包括第一产业、第二产业和第三产业的总产值，而工业总产值作为第二产业的重要组成部分，是整个经济子系统的核心内容，将直接影响重庆三峡库区 GDP 的大小。从图 6-7 中可以看出，工业总产值的增长受劳动力、劳动力产出弹性系数、生产资本投入、生产资本产出弹性系数、生产中的技术这几个变量的影响，将上述几个变量作为重庆三峡库区工业产值的输入，通过输入工业产值占 GDP 的比例这一参数，可以得到重庆三峡库区的 GDP。而环境污染又会制约经济的增长，通过 GDP 这个辅助变量，可以将经济子系统和环境子系统联系起来。

(4) 生态补偿子系统

生态补偿子系统的建立主要研究重庆三峡库区后续发展生态补偿额度的变化趋势，是本章的重点研究内容，将重庆三峡库区保护环境所得补偿

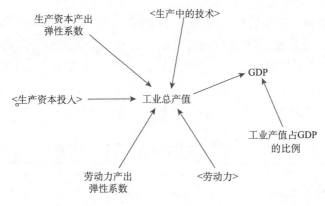

图 6-7　工业子系统

费用作为状态函数，将环保投资额和机会成本作为速率函数，其他为辅助函数，并引入"生态补偿强度"的概念。根据补偿额度计算过程[式(6.1)～式(6.3)]，在图 6-8 各函数中输入关系式，可以得到重庆三峡库区生态补偿的额度。在本子系统中，通过环保投资额将环境子系统和经济子系统联系起来，又通过城镇人口、农村人口将社会子系统和经济子系统联系起来。

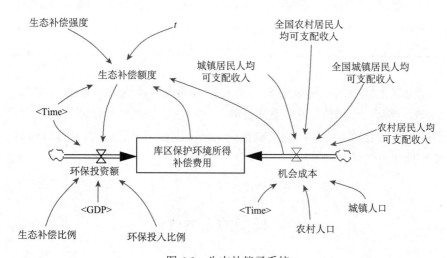

图 6-8　生态补偿子系统

(五)模型的检验

系统动力学的检验主要有直观检验、运行检验、历史检验和灵敏度检验四种，本章所选取的是历史检验，就是把重庆三峡库区的历史参数输入模型中，将模型模拟的数值与历史实际情况进行对比。表 6-1 和表 6-2 为总人口历史检验和 GDP 历史检验结果，其中，通过查阅《重庆统计年鉴》发现，因三峡工程的建设，重庆三峡库区产生了大量的移民，2003 年、2004年的人口数据与前几年相比出现了很大的起伏，所以本生态补偿系统动力学模型检验选取的是 2005～2011 年重庆三峡库区总人口、GDP 数据。

表 6-1　重庆三峡库区总人口历史检验结果

项目	2005 年	2006 年	2007 年	2008 年	2009 年	2010 年	2011 年
实际值/万人	1869.07	1882.90	1896.83	1910.87	1925.01	1939.25	1953.60
模拟值/万人	1871.85	1886.26	1900.79	1915.42	1930.17	1945.04	1960.01
误差/万人	−2.78	−3.36	−3.96	−4.55	−5.16	−5.79	−6.41
误差比例/%	−0.15	−0.18	−0.21	−0.24	−0.27	−0.30	−0.33

表 6-2　重庆三峡库区 GDP 历史检验结果

项目	2005 年	2006 年	2007 年	2008 年	2009 年	2010 年	2011 年
实际值/亿元	2113.72	2433.71	2937.52	3660.67	4781.98	5812.64	7338.37
模拟值/亿元	2275.96	2668.61	3102.46	3767.36	4677.85	5640.3	6857.55
误差/亿元	−162.24	−234.9	−164.94	−106.69	104.13	172.34	480.82
误差比例/%	−7.13	−8.80	−5.32	−2.83	2.23	3.06	7.01

由以上检验结果可以看出，历史检验的误差比例绝对值为 0.15%～8.80%，都小于 10%，说明重庆三峡库区后续发展生态补偿系统动力学模型的构建是合理可行的，能反映重庆三峡库区后续发展情况，可以作为模拟和预测的依据。

(六)模型的方案设计

为了更好地表现重庆三峡库区后续发展生态补偿的情况，根据其基本情况，本章通过设定和调整模型中的参数，将模型设计为以下 4 个方案。

方案一：自然发展型。指不改变生态补偿系统动力学模型中的参数，正常运行下的结果。

方案二：环境保护型。三峡库区作为最复杂的生态系统之一，其生态环境对经济发展的影响尤为重要，结合重庆三峡库区的特点，设计了环境保护这个方案。模型中的生态补偿比例指的是重庆三峡库区生态补偿额度用于环境保护的比例，通过调整生态补偿比例这个参数，将原来的 0.015 调整为 0.03，可以使重庆三峡库区的环保投资额产生变化，从而影响其生态补偿额度。

方案三：经济发展型。从经济子系统中可以看出，当加大重庆三峡库区的固定资产投资时，其经济也会快速发展。因此，通过调整模型中的固定资产投资率，将原来的 0.36 变为 0.4，分析加快经济发展对整个系统的影响。

方案四：技术创新型。技术创新影响经济的发展，将系统中的技术自主增长率由原来的 0.002 增长为 0.05，分析不断地进行技术创新在影响经济发展的同时，会对重庆三峡库区生态补偿产生什么影响。

（七）不同方案模拟分析

1. 方案一：自然发展型运行结果

从图 6-9 中可以看出，社会子系统的各个指标在 2000～2050 年一直呈增长趋势，且上升趋势较为平缓，没有出现较大的起伏，说明重庆三峡库区在当前的人口基数下，其总人口的快速增长是难以避免的，同时总人口的增长也促进了劳动力的大量增加，且重庆三峡库区的城镇人口数量一直高于其农村人口。

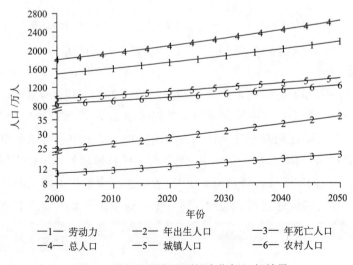

图 6-9　模拟自然发展型社会指标运行结果

图 6-10 中所表现的是环境污染对重庆三峡库区后续发展的影响，从图中可以看出，3 个变量都在逐年增加，呈指数增长的趋势，并且增长速度越来越快。其中污染治理总量的增长速度最慢，并且从 2020 年之后才会明显上升，表明随着重庆三峡库区经济的发展，环境污染治理得到了一定程度的重视，其投入的资金也在不断增多，污染治理总量在持续增加。2000年环境污染总量很低，说明当时重庆三峡库区环境污染不是很严重，并且对污染的治理起到了一定的作用。之后曲线开始缓慢并持续上升，到后期环境污染总量增加明显，主要表现为重庆三峡库区经济的快速发展造成了大量的污染物排放，但污染治理并没有得到相应的重视，直接导致重庆三峡库区的环境污染严重。

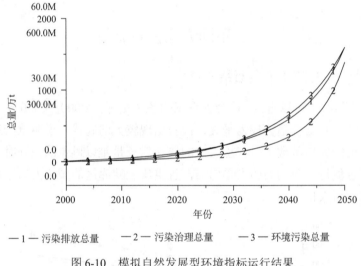

图 6-10 模拟自然发展型环境指标运行结果

从经济指标的运行结果来看(图 6-11)，自 2000 年以后，GDP 呈指数增长的趋势。其中生产中的技术增长的趋势前 20 年基本持平，从 2020 年开始增长，说明前期并不注重技术方面的投资。从图中还可以看出，技术的提高对 GDP 的增长有促进作用，当生产中的技术增长速度提升时，重庆三峡库区的 GDP 增长趋势也明显上升，表明生产中的技术增长能带动重庆三峡库区经济的快速发展。与此同时，生产资本投入和工业总产值也随着GDP 的增长而增加。

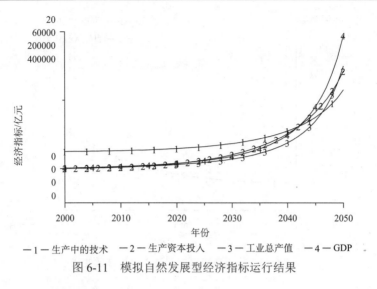

图 6-11 模拟自然发展型经济指标运行结果

2. 方案二：环境保护型运行结果

生态补偿所表现的是对重庆三峡库区环境进行保护的经济刺激手段，而增加环境保护这一方案有助于分析当投入大量的资金来进行生态环境保护时，对重庆三峡库区环境污染处理和经济会造成什么影响。将环境保护型和自然状态型进行对比发现(图 6-12)，当增加生态补偿这个参数值，重庆三峡库区处于环境保护状态时，其环保投资额会相对增加。在图 6-13 中，两种方案的环境污染总量在前期并没有很大的区别，说明前期环境污染总量很小，当加大环境保护力度时，效果并不是很明显。而后期随着环保投资额的大量增加，环境保护型的污染总量明显低于自然状态型，说明环境保护型这个方案的设计有助于重庆三峡库区污染的治理与控制。

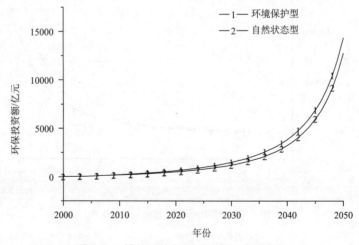

图 6-12 模拟环境保护型环保投资额变化

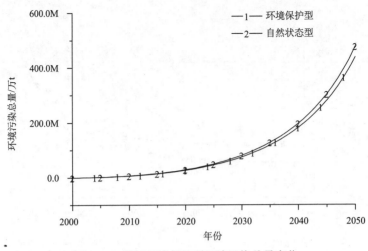

图 6-13　模拟环境保护型环境污染总量变化

3. 方案三：经济发展型运行结果

对重庆三峡库区进行生态补偿，需要大量的资金来支撑，所以经济的快速发展有助于生态补偿计划的实施。通过调整固定资产投资率这个参数来增加重庆三峡库区固定资产的投资，而相对会促使 GDP 的增长速度加快（图 6-14），说明固定资产对于经济发展的影响是很大的。但是，固定资产投资的增加在推动重庆三峡库区经济快速发展的同时，其代价也相对较大，由图 6-15 可以看出，模型在经济发展型状态下，其环境污染总量从 2025

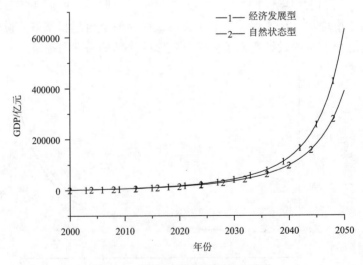

图 6-14　模拟经济发展型 GDP 变化

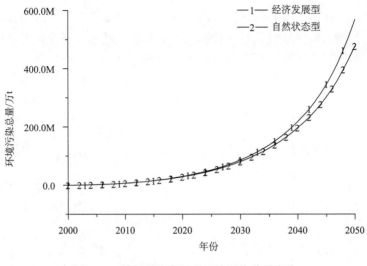

图 6-15 模拟经济发展型环境污染总量变化

年开始明显高于自然状态型，说明当重庆三峡库区处于经济飞速发展的状态时，使其生态环境遭到进一步破坏。

4. 方案四：技术创新型运行结果

由式 (6.4) 的科布-道格拉斯生产函数可以看出，GDP 与生产中的技术投入关系密切。在重庆三峡库区的后续发展中，不断地进行技术上的创新，并提高技术的自主增长率，不但能使生产中的技术投入相对增加，也使重庆三峡库区的经济得到了发展，从而提高了重庆三峡库区的 GDP（图 6-16），说

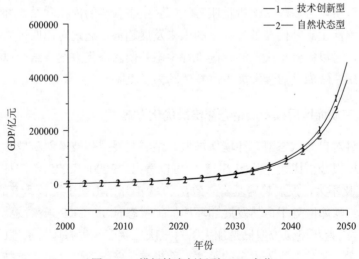

图 6-16 模拟技术创新型 GDP 变化

明技术因子在重庆三峡库区的经济发展中占有很重要的地位。将技术创新型和自然状态型进行对比发现(图 6-17)，当加大技术投资促进经济快速发展时，重庆三峡库区的生态补偿额度也会随之增多，表明持续增加对重庆三峡库区技术方面的投资，会有利于其后续发展生态补偿的推进。

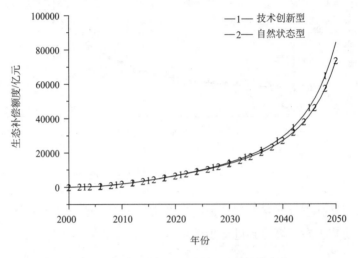

图 6-17　模拟技术创新型生态补偿额度变化

(八)基于重庆三峡库区后续发展生态补偿动力学机制研究

建立重庆三峡库区生态补偿系统动力学模型，设定不同的方案，并对其进行分析，可以深入剖析重庆三峡库区生态补偿的内在联系，并预测重庆三峡库区生态补偿在各方案下的未来发展趋势。通过对比四种方案的模拟结果，可以得到重庆三峡库区进行生态补偿的最优方案，结合以上内容研究重庆三峡库区后续发展生态补偿动力学机制。

1. 重庆三峡库区后续发展生态补偿最优化方案

通过对自然状态型、环境保护型、经济发展型和技术创新型 4 个方案的情景模拟分析比较，从图 6-18 中可以看出，2000～2025 年四种方案的GDP 变化不大，发展趋势基本一致，2025 年开始出现了增长速度的差异。当重庆三峡库区处于自然发展和环境保护状态时，其 GDP 未来发展趋势是一样的，因为环境保护型只是加大了对重庆三峡库区生态环境治理的力度，并没有对经济方面投入太多的关注。而当重庆三峡库区开始注重技术革新时，不仅使重庆三峡库区的技术投资额不断增加，同时也会促进其经济的发展。当重庆三峡库区选择不断地增加固定资产投资时，可以看到重庆三峡库区的经济呈飞速发展趋势，与其他三种方案对比明显。

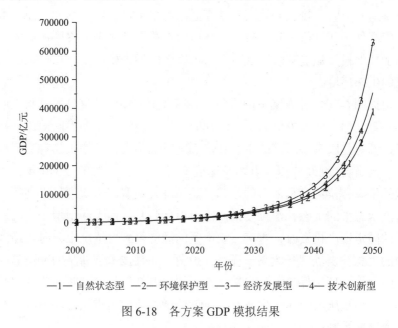

—1— 自然状态型　—2— 环境保护型　—3— 经济发展型　—4— 技术创新型

图 6-18　各方案 GDP 模拟结果

根据图 6-19，各方案下重庆三峡库区环境污染总量的模拟结果表明，前 20 年各方案的污染排放总量差不多，自 2020 年以来，四种方案的环境

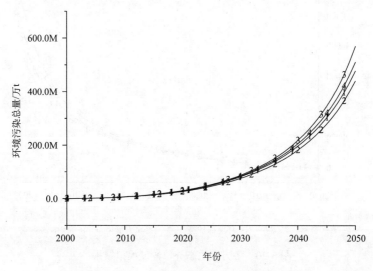

—1— 自然状态型　—2— 环境保护型　—3— 经济发展型　—4— 技术创新型

图 6-19　各方案环境污染总量模拟结果

污染总量出现了不同程度的变化。其中经济发展型的环境污染总量增长速度最快，技术创新型次之，自然状态型的环境污染总量占第三位，说明经济发展的速度对重庆三峡库区的生态环境影响较大，当重庆三峡库区的经济呈快速发展时，排放到重庆三峡库区的污染量也会相应增加，而当重庆三峡库区处于环境保护状态时，其环境污染总量是 4 个方案中最低的，表明增加环保投资额能有效降低重庆三峡库区的污染排放量，保护重庆三峡库区的生态环境。

根据图 6-20，各方案下的重庆三峡库区生态补偿额度模拟结果表明，前期不管是加大环保投资力度、增加固定资产投资，还是不断地进行技术创新，都对重庆三峡库区的生态补偿额度影响不大，其增长趋势变化也不明显，但是自 2020 年以来其增长速度不同。首先，2020～2040 年环境保护型的生态补偿额度是最高的，其次是经济发展型，再次为技术创新型，而自然状态型的生态补偿额度最低；2040 年以后，当不断地增加重庆三峡库区的固定资产投资时，重庆三峡库区的经济得到大幅度上升时，经济发展型的生态补偿额度开始高于环境保护型，并且技术创新型的补偿额度开始不断地接近环境保护型，自然状态型的生态补偿额度增长速度依然是最慢的，表明重庆三峡库区生态补偿额度的增长速度与重庆三峡库区的经济发展速度联系密切。

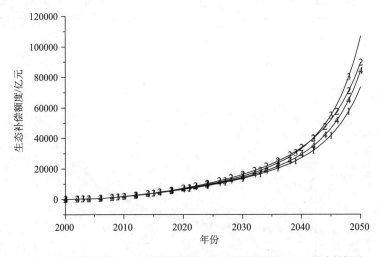

图 6-20 各方案生态补偿额度模拟结果

通过对比四种方案的模拟结果可以发现,经济发展型的 GDP 增长速度是最快的,但是,与此同时其环境污染总量的增长速度也是最快的,说明虽然重庆三峡库区在此方案下保证了经济的快速增长,但是重庆三峡库区的环境污染问题并没有得到重视;环境保护型的污染排放总量在 4 个方案中的增长速度是最慢的,有效地治理了重庆三峡库区的环境污染,但是在这种方案下重庆三峡库区的经济并没有得到有效的发展。而对于重庆三峡库区的生态补偿额度,虽然环境保护型的生态补偿额度在前期是最高的,但是后期随着不断加大固定资产投资,经济发展型的生态补偿额度高于前者。综上所述,在建立重庆三峡库区生态补偿机制时,应该在加大保护重庆三峡库区环境力度的同时,不断进行技术革新、增加固定资产投资,来促进重庆三峡库区的经济发展,确保重庆三峡库区后续发展的生态补偿资金充足,推动重庆三峡库区生态补偿工作的进行。

2. 重庆三峡库区后续发展生态补偿机制研究

重庆三峡库区后续发展生态补偿机制的建立是一项非常复杂的系统工程,因为不但涉及其生态环境的保护问题,还涉及有关补偿金额的来源和使用等多方面问题,又因为重庆三峡库区经济发展水平低,人口众多,所以,生态补偿机制的建立就更复杂(阮利民,2010)。本章在对其生态补偿模式及生态补偿额度进行研究的基础上,分析重庆三峡库区生态补偿现阶段存在的问题,如重庆三峡库区经济发展对其生态环境带来的压力等,为了使重庆三峡库区实现可持续发展,建立重庆三峡库区后续发展生态补偿机制势在必行。

生态补偿机制以生态系统服务价值、生态保护成本、发展机会成本为基础,其目的是保护区域的生态环境,并促进人与自然和谐发展,调解生态补偿中相关利益者之间的利益关系,其主要针对区域性的环境保护和污染治理,是一项具有经济激励作用的环境经济政策。本章对重庆三峡库区的生态补偿额度进行了测算,并引入了"生态补偿强度"这一因子,对于如何增加生态补偿标准,可以从两个方面入手:①增加生态补偿比例,可以通过制定相应的政策法规来实现,可操作性较好;②运用市场调控手段,如增加土地增值率等方法,来增加重庆三峡库区后续发展生态补偿额度,但是市场调控存在制约因子较多、可操作性较差的特点。

基于以上内容,本章认为重庆三峡库区后续发展的生态补偿应该以政府调控为主、以市场调控为辅的方式,因此,从政府补偿机制和市场补偿机制两个方面对其后续发展生态补偿机制进行探讨,并根据生态补偿系动力学模型的研究结果，为完善其补偿机制的建立提供相应的政策建议。

(1) 政府补偿机制

政府补偿是将国家作为生态补偿的主体，并且以重庆三峡库区及其居民作为生态补偿的对象，以国家的生态安全、社会的稳定、区域的协调发展等为目标，以财政补贴、设立专项资金、项目实施、技术投入等为手段的补偿方式(刘晓丽，2013)。政府补偿一般是从两个方面进行的：一是直接补偿，即政府直接进行地区拨款或财政支出等；二是间接补偿，即通过对补偿区域的人们征收有关生态保护的税收来进行约束。具体补偿方式如下。

1) 资金补偿

对于重庆三峡库区来说，其资金补偿的方式有很多，其中最为常见的资金补偿方式就是财政转移支付，指财政资金转移或财政平衡的制度，它的基础就是地区政府之间的财政支付差异，并且实现各地区的服务水平均等化。通过财政转移支付的方式对重庆三峡库区进行资金补偿，增加政府的财政转移支付，加大政府的保护力度，来保护重庆三峡库区的生态环境。另外，也可以用征收生态税的方式来扩充重庆三峡库区生态补偿的补偿基金，并用于重庆三峡库区生态保护和生态补偿的工作和监管。在国外，许多国家都是通过征收有关生态环境保护的绿色税来进行生态补偿，实践证明对地区生态补偿有很重要的影响，在国内这种环保措施并没有得到重视，但是对于重庆三峡库区来说，完善重庆三峡库区生态税的征收政策，可以增强其生态补偿机制建立的可行性。

2) 设立生态补偿专项基金

设立生态补偿专项基金是政府在各行业开展生态补偿的重要形式，在我国，国家对国土、农业、林业等部门制定了一系列项目计划，同时为这些项目设立了专项基金，主要用于各部门的生态补偿工作。对重庆三峡库区后续发展的生态补偿设立专项基金，并对专项基金进行统一管理，所设立的专项基金主要用途包括重庆三峡库区后续发展的生态建设、对其生态环境的污染问题进行综合治理等，不仅能保证重庆三峡库区环保资金的充足，还能应对一些突发状况，对完善重庆三峡库区生态补偿机制的建立有促进作用。

3) 政策补偿

政策补偿是由国家、政府制定的，在对重庆三峡库区的生态补偿过程中实施一些特殊的优惠政策。在重庆三峡库区的后续发展中，国家、政府部门应该制定一些对重庆三峡库区生态保护建设有优惠作用的政策，来规范其生态补偿工作，如在对重庆三峡库区进行生态补偿时，政府可以出台一些支持重庆三峡库区生态环境建设和保护的项目，如三峡移民工程等，重庆三峡库区可以通过这些环保项目鼓励人们自愿参与进来，支持其生态保护工作；在三峡大坝建成后，因三峡工程产生的电力可以供重庆市直接使用，而政府可以向三峡电站收取增值税，并拿出一部分支付给重庆市作为补偿；政府可以提供一些无偿的、先进的技术，在重庆三峡库区内开展智力服务，并根据重庆三峡库区的需求输送一些专业人士，在为重庆三峡库区的生态保护提供技术支持的同时，也可以输送一些劳动力参与到重庆三峡库区的环保工作中，不但可以为重庆三峡库区的环保事业增添动力，还能解决一部分人的就业问题等。以上相关政策的制定不仅能够协调重庆三峡库区上下游的生存发展和资源的开发利用，还能使重庆三峡库区的利益群体合作起来，在共同开发利用生态环境的同时，共同承担生态保护的成本。

(2)市场补偿机制

市场补偿机制通常是指通过市场行为来交易地区间的生态环境权属、生态服务功能，或者环境污染治理的绩效，去支付和兑现重庆三峡库区生态服务功能的价值(李生海，1994)。随着我国市场化程度的不断深入，市场补偿机制在流域生态补偿中逐渐被各利益主体所接受，也成了我国流域生态补偿机制构建的研究方向。我国借鉴国外流域生态补偿的成功案例，对水权交易等市场补偿机制进行了尝试。本章认为，在此基础上，可以对重庆三峡库区后续发展的市场补偿机制进行研究。具体补偿方式有以下　几种。

1)土地租赁

土地租赁指土地所有者的所有权和土地使用者的使用权在某一段时间是相互分离的，在使用土地期间由土地的使用者向土地的所有者支付一定的租金，并在期满后将土地归还于土地所有者的一种经济活动。对于重庆三峡库区来说，可以由重庆三峡库区的下游区域租赁重庆三峡库区上游地区的土地，并付给上游地区一定的租金作为补偿金，与此同时重庆三峡库区的上游地区可以通过保护流域上游的生态环境，来改善重庆三峡库区下游区域的水资源质量。但是，在实际情况中，土地租赁涉及重庆三峡库区的居民、企业等多个利益主体，此模式实施较为困难，缺乏可操作性。

2)生态服务购买

在此模式中，把生态服务作为一种可以交易的商品，将生态产品的生产者、生态服务的消费者与生态服务交易市场的联系者结合起来，通过生态服务购买的形式降低交易成本，提高生态建设效率（刘薇，2014）。生态服务购买模式主要为了使企业参与到生态资源的管理活动中，并利用交易市场的竞争机制来完善地区的生态补偿政策，并达到最优的效果。对于重庆三峡库区来说，可以将重庆三峡库区内的企业、居民和委托代理公司作为生态服务购买模式中的主角，并由政府成立生态保护协调委员会，生态保护协调委员会的具体职能包括确定生态环境保护的范围、制定生态服务购买的相关政策、选择合适的中介公司、监督和管理生态服务购买的交易过程等。例如，政府在对重庆三峡库区水资源进行综合管理的基础上核定居民的生活用水标准，根据重庆三峡库区居民各户的实际情况，用水票的形式给居民分配定额的水权，而居民通过节水的方式将多余的水票在市场上进行销售；对于重庆三峡库区的企业来说，可以由相关部门确定各企业的排污标准，如果企业的排污量低于规定标准，可将其差额以排污许可证的形式在市场上进行出售，这样就可以提高重庆三峡库区内的企业保护生态环境的积极性。生态服务购买模式是一种直接的市场交易模式，在重庆三峡库区后续发展生态补偿机制的建设过程中是可以实现的。

3）生态标识

生态标识需要建立在消费者对流域生态资源服务价值认可的基础上，并需要由政府制定出对以保护流域生态资源环境方式生产产品的认证制度（崔琰，2010），由此可以看出，流域生态资源服务价值宣传力度的加强对流域市场补偿机制的建立至关重要。在重庆三峡库区中，政府以保护其生态资源环境的形式，对那些以农业为主的区域生产的农产品进行认证，使这些地区生产出来的农产品具有生态标识的功能，并能在市场上以高于同类农产品的价格进行售卖，这时产品价格的差额就可以作为地区对以保护流域生态资源方式进行生产的补偿，以上市场交易行为在重庆三峡库区后续发展中实现了间接的生态补偿。

综上所述，在重庆三峡库区后续发展生态补偿的实践中，可以分别利用上述生态补偿模式来对重庆三峡库区的后续发展进行生态补偿，也可以选择几种不同的方式进行组合，并选择最优的组合形式来支持重庆三峡库区开展生态环境建设和保护。

(3) 政策建议

重庆三峡库区的生态环境保护是一项历时久、责任重的生态工程，并且涉及很多领域，也关系到政府间各部门的利益，本章通过对重庆三峡库区后续发展生态补偿问题进行研究，从社会、环境、经济3个角度入手，引入了"生态补偿强度"的概念，结合机会成本法和系统动力学法，构建了重庆三峡库区"社会-环境-经济系统动力学模型"，设计了自然发展型、环境保护型、经济发展型和技术创新型这4个方案，通过改变相关的参数对模型进行了仿真模拟。通过四种方案的对比分析可以看出，对重庆三峡库区来说，经济发展型的生态补偿额度最高，但是这种方案的缺点是会造成重庆三峡库区生态环境严重破坏，为了实现重庆三峡库区的可持续发展，势必在加快发展其社会经济的同时，加大重庆三峡库区的环保投资力度。

综上所述，建立一个完善的重庆三峡库区后续发展生态补偿机制，需要在环境保护、快速发展经济、不断进行技术创新这几个方面多注意，而这些又需要从政策、投资、文化建设等方面给予支持，具体包括以下几个方面。

1) 建立健全三峡库区生态补偿机制的法律法规

建立并完善重庆三峡库区生态补偿的相关法律法规，是落实重庆三峡库区后续发展生态补偿机制的前提及保障。根据现阶段重庆三峡库区实现生态建设和环境保护的要求，为了落实对重庆三峡库区后续发展的生态补偿问题，应该加快建立和完善与生态补偿机制配套的法律法规，加大法律惩罚力度，应对那些过于分散且操作性不强，容易造成重庆三峡库区生态补偿受损的法令及时修订，以确保条令的准确实施，使之符合重庆三峡库区后续发展的基本要求。

目前，我国有关区域生态补偿的理论、实践等都比较少，不足以支撑建立一套完整的生态补偿法律法规，可以先制定《关于三峡库区生态补偿政策措施的实施意见》，在明确重庆三峡库区生态补偿的基本原则、实施步骤的基础上对重庆三峡库区生态补偿进行长远的规划(杨竑杰，2012)。之后可以适时地出台一系列有关于重庆三峡库区生态补偿的条例，用于规范保护主体和补偿主体的保护和补偿行为，做到有条理、有标准、有制度，从而确保重庆三峡库区生态补偿的顺利实施，逐步完善重庆三峡库区生态补偿的法律法规。对于重庆三峡库区出现的有损于环境保护的行为做到有法可依，尽量避免因为没有确切的相关法律所造成的破坏环境等行为可能带来的严重后果。

2) 加大投资力度，改善污染问题

资金的筹集和管理是流域生态补偿机制得以建立的重要保障(张明波和田义文，2013)。在进行重庆三峡库区生态补偿的时候，必须确保补偿资金的充足，毕竟稳定的资金支持是进行重庆三峡库区生态补偿最直接的方式。为了避免在生态补偿过程中由于资金的缺乏而无法继续进行生态补偿这个问题，就需要稳定的资金来源和加大重庆三峡库区的经济投资力度。

在资金来源方面：首先，要继续增加政府的财政转移支付，对重庆三峡库区生态脆弱的保护区域增加一定的补偿费用；其次，政府要拓宽生态补偿资金的渠道，如征收生态税等；最后，需要政府把来自各渠道的资金设立为专项基金，主要用于重庆三峡库区的生态补偿。

在经济投资方面：要适量加大对环境保护和技术创新方面的投资，并通过增加固定资产投资率来促进经济的快速发展，应用系统动力学模型对重庆三峡库区后续发展生态补偿进行模拟时发现，加大技术创新和固定资产投资的力度，可以有效提高地区经济发展速度，但是相应会造成地区生态环境的破坏，这时就需要加大对环境保护投资的力度，以解决因过快发展重庆三峡库区经济而带来的一系列生态环境污染问题。改善以上 3 个方面，可以直接带动重庆三峡库区经济水平的提高，同时也可以相应改善重庆三峡库区的生态环境。

3) 建立一个合理有效的监管部门

监管部门的建立是完善重庆三峡库区后续发展生态补偿机制的必要前提，因为对重庆三峡库区生态补偿的监督管理贯穿了整个生态补偿工作。生态补偿机制是一个多层次、多环节、多区域、多行业、多部门的综合协调运行机制(李镜，2007)。在实行生态补偿中，常常会出现一系列问题，如补偿资金管理比较混乱，造成补偿资金挪用的现象时有发生；补偿的主体间不协调，造成补偿资金补充不及时等，出现这些现象的主要原因是缺乏一个必要的监督管理部门。

为了保证重庆三峡库区生态补偿机制的切实发挥，解决好各种生态环境建设的投入和补偿资金的有序运行问题，构建一个良好的资金运作系统，避免在补偿过程中出现资金投入和补偿的损耗，就需要增强重庆三峡库区管理机制的适用性，并根据重庆三峡库区的实际情况，建立一个符合重庆三峡库区后续发展的管理和监控部门。同时，也要从技术的角度为监管部门的管理和监控行为提供科学依据(陈妍竹，2010)。

4) 提高重庆三峡库区居民的参与程度

在生态补偿额度的测算中可以发现，重庆三峡库区居民的数量对生态补偿标准的多少有较大的影响，因此，在进行重庆三峡库区后续发展生态补偿时，重庆三峡库区居民的参与度是至关重要的。人们对生态补偿的作用及其重要性缺乏基本的了解，这就导致了人们对生态补偿的意识淡薄。

有人会认为征收生态补偿税这种政策就是"乱收费"，并且不会配合相关政策的实行；也有人会认为经济发达的区域对经济不发达的区域进行补偿是一种道义上的补偿，生态补偿固有的含义被曲解（王金南，2006）。因此，需要加强人们对生态补偿的意识，而且生态环境保护知识的普及势在必行。

重庆三峡库区的生态补偿涉及多个利益群体，包括政府、企业、社会团体、个人等，这些都是区域生态补偿中的保护者或补偿者，但是由于民众对生态补偿的意识不够，或有关部门对人们的宣传不到位等，现有的生态补偿制度中反映最多的都是政府的意愿，所以需要在生态补偿过程中引入公众参与制度，公众作为生态补偿中的主要利益相关者，在重庆三峡库区的生态补偿中扮演着相当重要的角色。可以通过书面意见调查表等方式调动公众参与的积极性，并将其参与的结果进行公示，做到公正合理、公平公开，为重庆三峡库区后续发展生态补偿的实施奠定基础。

(九)本 章 小 结

本章应用机会成本法测算了重庆三峡库区后续发展生态补偿的额度，从社会、环境和经济 3 个方面构建了重庆三峡库区后续发展生态补偿系统动力学模型，在模型检验通过的基础上改变模型的参数，并设定了四种方案，分析各方案下重庆三峡库区的生态补偿趋势。具体内容主要包括以下 3 个方面。

a)根据重庆三峡库区的实际情况，引入了"生态补偿强度"的概念，结合机会成本法建立了重庆三峡库区后续发展生态补偿额度测算模型，通过此模型可以计算重庆三峡库区的生态补偿标准，并将模型的公式输入到系统动力学模型中，可以预测重庆三峡库区未来的生态补偿额度。

b)通过分析重庆三峡库区生态补偿的内部结构，确定了重庆三峡库区系统动力学模型的整体结构，以科布-道格拉斯生产函数作为核心，分别构成了社会子系统、环境子系统和经济子系统。确定模型参数的值及方程式，运行模型，选择总人口和 GDP 这两个参数进行历史行为检验，并通过了检验，表明模型是真实有效的。

c)改变了模型的相关参数，设定了自然状态型、环境保护型、经济发展型和技术创新型四种方案，分别将每个方案与自然状态型的运行结果进行对比，分析各方案对重庆三峡库区生态补偿的影响情况。

第七章　重庆三峡库区后续发展生态补偿动态演化机制研究*

本章主要介绍博弈论的概念、发展及其 7 个基本要素，然后以重庆三峡库区为研究对象，构建重庆三峡库区后续发展生态补偿博弈模型，分析不同情境下，重庆三峡库区的最优化策略。基于重庆三峡库区后续发展生态补偿实证分析结果，对重庆三峡库区后续发展生态补偿的途径、方式进行阐述。

（一）研究方法介绍

1. 研究方法的基本概念及其发展历程

博弈论是理性的参与者共同参与、互相决策的理论，用来研究决策者之间冲突和合作的理论，其目标是实现所有利益群体各自利益的最大化（Friedman，1991）。1928 年，冯·诺依曼提出了博弈论的原理，并在随后的几十年得到了快速发展，现已发展成了一门具有比较完善的理论体系及工具性质的演绎性学科，对社会、经济、环境等诸多现象都具有强大的解释力。1950 年约翰·纳什以不动点定理为基础，证明了局部均衡点的存在，并引入了议价模型，使得博弈论的发展更进一步。随后，诸多学者在各行各业进行实验，用于检验博弈论的假定。最著名的应该是拉弗等于 1962 年进行的"囚徒困境"一次性实验，该实验表明，在一定程度的合作下，囚徒也可能存在稳定状态，并且这个稳定状态的概率在 0～1。在此基础上，考尔曼曾列举了多达 1500 项实验，大多数结果都表明纳什均衡策略的确存

　　* 本章部分内容引自：官冬杰，刘慧敏，龚巧灵，郭鸣球，程丽丹. 2017. 重庆三峡库区后续发展生态补偿机制、模式研究. 重庆师范大学学报(自然科学版)，34(1)：39-48.

在，特别是单一的纳什均衡博弈分析实验。

从博弈论产生至今，其在理论、实践方面已经取得了很大的成绩，各国学者不断进行博弈实验，探索事物之间的相关性，为决策者提供策略支持，同时也使得一些有争议的事件得到了最优的处理。因此，博弈实验的进行在很大程度上推动了博弈论的快速发展。

2. 博弈论的基本要素

一个完整的博弈应该包括局中人、策略、行动、得失、信息结果和均衡等要素。其中局中人、策略、得失是最基本的要素，局中人、行动、结果称为博弈规则。

a) 局中人：指博弈中的决策主体，他们分别代表了各自群体的利益，所追求的是选择策略或行动来使自己的群体收获的效益最大化。博弈中的每一个局中人都是理性人，他们有各自的偏好(利益)，同时，他们也可以在既定的约束条件下选择合适的策略来使自己的偏好最大化。

b) 策略：指在博弈中，所有局中人的行动准则。

c) 行动：指局中人在博弈过程中选择的决策，是局中人进行博弈的方式和手段。在一个博弈中，每个局中人应该至少有两种不一样的行动，对各局中人的行动进行博弈分析，最终为决策者提供决策帮助。

d) 得失：在博弈论中，一局博弈的结果称为得失。它表示局中人各自选择策略以后，所能够得到的期望收益。

e) 信息：博弈信息指策略选择、局中人行动及得失的集合，包括完全博弈信息和不完全博弈信息。

f) 结果：指博弈分析所得到的均衡策略组合、均衡行动组合、均衡得失组合等。

g) 均衡：指一种稳定状态，即所有局中人在参与博弈之后，为追求各自利益的最大化而选择合适的策略，最终达到稳定。

博弈论既是一门历史久远的学科，也是一门快速发展、充满活力的学科，应用范围广泛。本章主要对重庆三峡库区生态补偿机制进行研究，从博弈论的角度来研究重庆三峡库区生态补偿机制中各利益主体间的博弈关系，理性地分析各利益主体的期望收益，实现其利益的最大化。

(二)重庆三峡库区后续发展生态补偿博弈模型构建

三峡大坝大型水利工程实施过程中生态补偿利益群体间竞争与合作关系的调适与演变是一个循序渐进的过程，各利益群体的最终策略是在不断冲突与调适过程中实现的，一般的动态模型无法模拟这种复杂的调适过程。因此，本章通过引入相应的"奖惩约束"机制，构建特定的演化博弈模型，完善重庆三峡库区生态补偿动态演化机制。

1. 博弈模型基本假设

本章对重庆三峡库区生态补偿利益群体之间的演化模型做出以下假设。

a) 在重庆三峡库区流域中，与生态环境有关的利益主体有保护者、破坏者、受益者、受害者。一般来说，在流域关系中，保护者和破坏者是上游有关的利益主体，而受益者和受害者则是下游有关的政府、企业等。该博弈目的则是实现利益主体之间各自利益的最大化，进而达到理想的稳定均衡状态。

b) 对于上游地区来说，环境质量的好坏对人们生产生活的影响小于下游地区，并且在地区经济发展过程中，上游地区可以利用环境、资源等来换取经济的发展，这样将会使环境更容易遭到破坏，因为上游政府代表的是保护群的利益，所以在实施生态环境保护的过程中，可以选择保护策略或不保护策略。同样，对于下游地区来说，环境质量的好坏与人们的日常生活、生产加工等联系较为密切，下游地区的人们也在某种程度上更加偏向于用补偿去支付生态保护产品，改善环境质量，下游政府代表了补偿群的利益，在实施生态保护的过程中，可以选择补偿策略或不补偿策略。

c) 本章依据"谁保护谁受益，谁破坏谁补偿，谁享受谁补偿"的原则来制定博弈主体的行为，并引入"奖惩约束"机制作为约束因子。保护群可以选择保护生态环境，如加大生态环境保护的成本，限制一些污染较高的企业或者帮助其转型等；保护群也可以选择不保护生态环境，如发展循环经济等，对于保护群来说，这样追求经济产出而破坏环境，或多或少都需要支付一定的费用补偿给下游政府。补偿群则需要根据保护群的决策来选择相应的策略，如当保护群选择保护策略时，补偿群从中获得了收益，此时需要支付一定的补偿费，当选择不支付且被举报成功时，将会受到严厉惩罚；另外，当保护群选择不保护策略时，同样需要向补偿群支付一定的补偿，当保护群选择不补偿且被举报成功时，也会受到严厉惩罚。

博弈双方在博弈的过程中是不可能一次就达成共识的，需要在该过程中不断地去调整、选择策略，在理性的基础上达成一致，最终找到最优的策略，从而在实际的生态补偿进程中提供决策支持。

2. 情景设定

(1) 构建重庆三峡库区生态补偿博弈矩阵

构建重庆三峡库区生态补偿博弈模型支付矩阵的各符号解释为，A_1、A_2 为保护群选择保护生态环境策略时，保护群和补偿群所获得的长期经济效益；C 为保护群为了保护生态环境而投入的机会成本；D 为保护群选择保护生态环境策略时，由补偿群支付给保护群的补偿费用；E 为补偿群并没有支付给保护群补偿费用且被举报成功后受到的惩罚；B_1、B_2 为保护群选择不保护生态环境策略时，保护群和补偿群所获得的短期经济效益；P 为保护群用破坏环境的方式去追求经济增长时所需要支付的补偿费用；Q 为保护群选择不保护生态环境策略且被举报成功后受到的惩罚。保护群和补偿群的博弈收益矩阵如表 7-1 所示。

表 7-1　保护群和补偿群的博弈收益矩阵

项目		补偿群	
		补偿	不补偿
保护群	保护	$(A_1{-}C{+}D,\ A_2{-}D)$	$(A_1{-}C,\ A_2{-}E)$
	不保护	$(B_1{-}P,\ B_2{+}P)$	$(B_1{-}Q,\ B_2)$

(2) 演化稳定策略

假设 x 为保护群选择保护生态环境策略时的比例，则 $1-x$ 为其选择不保护策略时的比例；同理，可以假设 y 为补偿群选择补偿策略时的比例，$1-y$ 为其选择不补偿策略时的比例。另外，假设保护群选择保护策略时的期望收益为 μ_{11}，选择不保护策略时的期望收益为 μ_{12}，保护群的平均期望收益为 $\overline{\mu_1}$，关系式如下：

$$\mu_{11} = y(A_1 - C + D) + (1-y)(A_1 - C) \tag{7.1}$$

$$\mu_{12} = y(B_1 - P) + (1-y)(B_1 - Q) \tag{7.2}$$

$$\overline{\mu_1} = x\mu_{11} + (1-x)\mu_{12} \tag{7.3}$$

同理，假设补偿群选择补偿策略时的期望收益为 μ_{21}，选择不补偿策

略时的期望收益为 μ_{22}，补偿群的平均期望收益为 $\overline{\mu}_2$，关系式为

$$\mu_{21} = x(A_2 - D) + (1-x)(B_2 + P) \tag{7.4}$$

$$\mu_{21} = x(A_2 - E) + (1-x)B_2 \tag{7.5}$$

$$\overline{\mu}_2 = y\mu_{21} + (1-y)\mu_{22} \tag{7.6}$$

1) 保护群采用保护策略的复制动态方程为

$$F(x) = \frac{dx}{dt} = x(\mu_{11} - \overline{\mu}_1) = x(1-x)\big[y(D+P-Q) + A_1 - C - B_1 + Q\big] \tag{7.7}$$

对式 (7.7) 求关于 x 的一阶导数得

$$F'(x) = (1-2x)\big[y(D+P-Q) + A_1 - C - B_1 + Q\big] \tag{7.8}$$

令 $F'(x) = 0$，可以得到 $x^* = 0$ 和 $x^* = 1$ 为动态方程式 (7.7) 的两个可能的稳定点，则：

a) 当 $y = y^* = -\dfrac{A_1 - C - B_1 + Q}{D+P-Q}$ 时，$F'(x) = 0$ 恒成立，即所有 x 都处于稳定状态，保护群的动态演化路径如图 7-1(a) 所示，由该图可以看出，当补偿群选择以 $-\dfrac{A_1 - C - B_1 + Q}{D+P-Q}$ 水平进行补偿时，保护群无论是选择保护策略还是不保护策略，都对其期望收益没有影响，保护群依然处于一个稳定状态。

b) 当 $y > y^* = -\dfrac{A_1 - C - B_1 + Q}{D+P-Q}$ 时，$x^* = 0$ 和 $x^* = 1$ 是 x 的两个可能的稳定状态点，又因为 $F'(0) > 0$，$F'(1) < 0$，所以 $x^* = 1$ 是 x 的稳定状态点，此时保护群的动态演化路径如图 7-1(b) 所示。由该图可以看出，当补偿群选择以高于 $-\dfrac{A_1 - C - B_1 + Q}{D+P-Q}$ 的水平进行补偿时，保护群则会选择由不保护向保护转移，即保护群选择保护是使该模型达到稳定状态的策略。

c) 当 $y < y^* = -\dfrac{A_1 - C - B_1 + Q}{D+P-Q}$ 时，$x^* = 0$ 和 $x^* = 1$ 是 x 的两个可能的稳定状态点，又因为 $F'(0) < 0$，$F'(1) > 0$，所以 $x^* = 0$ 是 x 的稳定状态点，此时保护群的动态演化路径如图 7-1(c) 所示，由该图可以看出，当补偿群选择以低于 $-\dfrac{A_1 - C - B_1 + Q}{D+P-Q}$ 的水平进行补偿时，保护群则会选择由保护向不保护转移，即保护群选择不保护是使该模型达到稳定状态的策略。

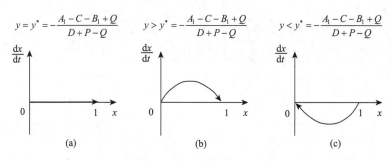

图 7-1　保护群的动态演化路径

2）补偿群选择补偿策略的复制动态方程为

$$F(y) = \frac{dy}{dx} = y(\mu_{21} - \bar{\mu}_2) = y(1-y)\big[x(E-D-P)+P\big] \tag{7.9}$$

对 $F(y)$ 求关于 y 的一阶导数得

$$F'(y) = (1-2y)\big[x(E-D-P)+P\big] \tag{7.10}$$

令 $F'(y)=0$，可以得到 $y^*=0$ 和 $y^*=1$ 为动态方程式（7.9）的两个可能的稳定状态点，则：

a）当 $x=x^*=-\dfrac{p}{E-D-P}$ 时，$F'(y)=0$ 恒成立，即所有 y 处于稳定状态，补偿群的动态演化路径如图 7-2（a）所示，由该图可以看出，当保护群选择以 $-\dfrac{p}{E-D-P}$ 的水平进行保护时，补偿群无论选择补偿策略还是不补偿策略，都对其期望收益没有影响，补偿群处于稳定状态。

b）当 $x>x^*=-\dfrac{p}{E-D-P}$ 时，$y^*=0$ 和 $y^*=1$ 是 y 的两个可能的稳定状态点，又因为 $F'(0)>0$，$F'(1)<0$，所以 $y^*=1$ 是 y 的稳定状态点，补偿群的动态演化路径如图 7-2（b）所示，由该图可以看出，当保护群选择以高于 $-\dfrac{p}{E-D-P}$ 的水平进行保护时，补偿群则会选择由不补偿向补偿转移，即补偿群选择补偿是使模型达到稳定状态的策略。

c）当 $x<x^*=-\dfrac{p}{E-D-P}$ 时，$y^*=0$ 和 $y^*=1$ 是 y 的两个可能的稳定状态点，又因为 $F'(0)<0$，$F'(1)>0$，所以 $y^*=0$ 是 y 的稳定状态点，补偿群的动态演化路径如图 7-2（c）所示，由该图可以看出，当保护群选择以低于 $-\dfrac{p}{E-D-P}$ 的水平进行保护时，补偿群则会选择由补偿向不补偿转移，即补偿群选择不补偿是使模型达到稳定状态的策略。

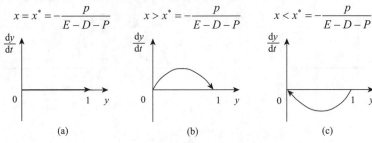

图 7-2　补偿群的动态演化路径

3. 复制动态系统稳定性分析

利用式(7.7)和式(7.9)可以构成该博弈的复制动态系统，同时，根据上文对保护群和补偿群的稳定策略分析，可以知道该博弈模型共有 5 个局部均衡点：$(0,0),(0,1),(1,0),(1,1),(x^*,y^*)$，在此基础上，我们可以利用 Friedman(1991)提出的雅克比矩阵局部均衡点的稳定分析方法进行博弈系统稳定状态的检验，从而来研究该动态复制系统的演化稳定策略。该博弈群体动态系统的雅克比矩阵为

$$J = \begin{bmatrix} \dfrac{\alpha F(x)}{\alpha x} & \dfrac{\alpha F(x)}{\alpha y} \\ \dfrac{\alpha F(y)}{\alpha x} & \dfrac{\alpha F(y)}{\alpha y} \end{bmatrix}$$

$$= \begin{bmatrix} (1-2x)\big[y(D+P-Q)+A_1-C-B_1+Q\big] & x(1-x)(D+P-Q) \\ y(1-y)(E-D-P) & (1-2y)\big[x(E-D-P)+P\big] \end{bmatrix}$$

$$(7.11)$$

$$\det(J) = \frac{\alpha F(x)}{\alpha x} \cdot \frac{\alpha F(y)}{\alpha y} - \frac{\alpha F(x)}{\alpha y} \cdot \frac{\alpha F(y)}{\alpha x} \qquad (7.12)$$

$$\text{trace}(J) = \frac{\alpha F(x)}{\alpha x} + \frac{\alpha F(y)}{\alpha y} \qquad (7.13)$$

将上述 5 个均衡点代入到雅克比矩阵中，分别求出各个局部均衡点的行列式值和迹，结果如表 7-2 所示。

表 7-2　各局部均衡点的行列式值和迹

局部均衡点	$\det(J)$	$\text{trace}(J)$
$(0,0)$	$P(A_1-C-B_1+Q)$	A_1-C-B_1+Q+P
$(0,1)$	$-P(D+P+A_1-C-B_1)$	$D+A_1-C-B_1$

局部均衡点	det(J)	trace(J)
(1, 0)	$-(E-D)(A_1-C-B_1+Q)$	$-A_1+C+B_1-Q+E-D$
(1, 1)	$(E-D)(D+P+A_1-C-B_1)$	$-P-A_1+C+B_1-E$
(x^*, y^*)	0	0

由表 7-2 可以看出，上述局部均衡点的行列式值和迹的正负性只与保护群所做的决策有关，即与保护群选择保护(A_1)和不保护(B_1)时的经济效益有关。因此，在分析动态复制系统的稳定性的时候，补偿群应该在保护群做出决策之后再进行决策。在此对保护群的收益参数的大小进行分析，存在以下关系：

$$A_1-C+D>A_1-C>B_1-P>B_1-Q \tag{7.14}$$

$$A_1-C+D>B_1-P>A_1-C>B_1-Q \tag{7.15}$$

$$A_1-C+D>B_1-P>B_1-Q>A_1-C \tag{7.16}$$

根据上面保护群收益参数的三种情况，对动态复制系统各局部均衡点的稳定性进行分析。

a) 当 $A_1-C+D>A_1-C>B_1-P>B_1-Q$ 时，该动态复制系统各局部均衡点的稳定性分析结果如表 7-3 所示。

表 7-3　动态复制系统各局部均衡点的稳定性分析结果 I

局部均衡点	det(J)	trace(J)	稳定性
(0, 0)	+	+	不稳定
(0, 1)	−	+−	不稳定
(1, 0)	−	+−	不稳定
(1, 1)	+	−	稳定
(x^*, y^*)	0	0	鞍点

从表 7-3 中可以看出，当均衡点为(1，1)时，动态复制系统达到一个稳定状态，即(保护，补偿)策略是该演化模型的最优解。此时保护群的博弈演化过程如图 7-3 所示。

L_1 和 L_2 两条线将平面分为 $ABCD$ 4 个区域，由图 7-3 可以看出，当初始状态在 C 区域$(x>x^*，y>y^*)$时，渐渐收敛于点(1，1)，趋于稳定；当初始状态在 B 区域$(x<x^*，y<y^*)$时，此时需要补偿群做出决策，使得 $y>y^*$，演化动态将逐渐趋于(1,1)；同理，当初始状态在 D 区域$(x<x^*，$

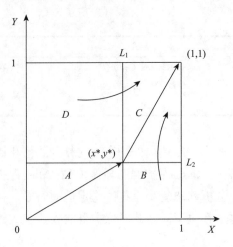

图 7-3　该博弈系统的动态复制相位图

$y > y^*$）时，此时需要保护群做出决策，使得 $x > x^*$，演化动态逐渐趋于
$(1,1)$；当初始状态在 A 区域（$x < x^*$，$y < y^*$）时，需要保护群和补偿群都
做出决策，使 $x > x^*$，$y > y^*$，最终演化动态趋于 $(1,1)$。因此，稳定状态
的形成需要各利益主体的决策支持。

　　b）当 $A_1 - C + D > B_1 - P > A_1 - C > B_1 - Q$ 时，该动态复制系统各局部均
衡点的稳定性分析结果如表 7-4 所示。

表 7-4　动态复制系统各局部均衡点的稳定性分析结果 II

局部均衡点	det(J)	trace(J)	稳定性
(0, 0)	+	+	不稳定
(0, 1)	−	+ −	不稳定
(1, 0)	−	+ −	不稳定
(1, 1)	+	+ −	不稳定
(x^*, y^*)	0	0	鞍点

　　由表 7-4 可以看出，该结果没有稳定均衡点。

　　c）当 $A_1 - C + D > B_1 - P > B_1 - Q > A_1 - C$ 时，该动态复制系统各局部均
衡点的稳定性分析结果如表 7-5 所示。

表 7-5　动态复制系统各局部均衡点的稳定性分析结果

局部均衡点	det(J)	trace(J)	稳定性
(0, 0)	−	+	不稳定
(0, 1)	−	+ −	不稳定

局部均衡点	$\det(J)$	$\text{trace}(J)$	稳定性
$(1,\ 0)$	+	+	不稳定
$(1,\ 1)$	+	$+-$	不稳定
$(x^*,\ y^*)$	0	0	鞍点

同样，从表 7-5 中可以看出，该结果也没有稳定均衡点。

通过对上述保护群的收益参数在 3 种情况下进行稳定状态分析可以看出，只有当 $A_1-C+D>A_1-C>B_1-P>B_1-Q$ 时，该博弈模型才会出现稳定点，并且该模型会存在唯一的最优解 $(1,1)$，即（保护，补偿）策略。同时引入"奖惩约束"机制，可以更加理性地去实现各自利益的最大化，缓解博弈双方的矛盾，也更有利于生态补偿机制的建立。

博弈模型构建主要基于"谁保护谁受益，谁破坏谁补偿，谁享受谁补偿"的原则和"奖惩约束"机制来设定重庆三峡库区的生态补偿博弈模型基本假设和博弈情景，从而构建出重庆三峡库区的博弈模型，然后分别对重庆三峡库区保护群和补偿群进行演化稳定分析，最后将两者的博弈选择进行组合，构成博弈的动态复制系统，依据保护群收益参数的大小关系分为三种情况［式(7.14)、式(7.15)和式(7.16)］，再对局部均衡点的稳定性进行分析检验，分别得到三种情况下各局部均衡点的行列式值、迹和稳定性，通过分析，最终在结果中出现了稳定点，即出现了最优的策略组合——（保护，补偿）策略。

（三）重庆三峡库区后续发展生态补偿实证分析

本章以《2008 中国统计年鉴》为基础数据，对重庆三峡库区的生态补偿进行博弈分析，从而指导重庆三峡库区的后续发展。另外，《三峡库区及其上游水污染防治规划》指出，到 2010 年，重庆三峡库区的投资总额达 312.9 亿元，其中环境治理和生态建设投入约 8.1 亿元/a。通过重庆三峡库区居民的收入差异来估算重庆三峡库区生态环境建设的机会成本，公式如下：

机会成本 =(重庆城镇居民人均可支配收入-重庆三峡库区城镇居民

人均可支配收入)×重庆三峡库区城镇居民人口+

(重庆农民人均纯收入-重庆三峡库区农民人均纯收入)×　　　(7.17)

重庆三峡库区农业人口

初步测算重庆三峡库区的机会成本约为 105 亿元/a，加上每年环境治理和生态建设的投入，可以得到重庆三峡库区生态建设补偿量约为 113.1 亿元/a。为方便接下来的情形分析，本章参照了梁福庆(2011)《三峡库区生态补偿问题探讨》一文提出的生态补偿标准，将补偿值调整为每年 100 亿元，其中 35 亿元用于重庆三峡库区生态保护直接投入及维护费用，损失 20 亿元的发展机会成本，重庆三峡库区生态受益者获利 20 亿元，重庆三峡库区生态系统服务的价值为 25 亿元，即设重庆三峡库区的机会成本投入为 20 亿元，保护群选择保护策略时可以从中获得的收益是 35 亿元，净收益为 15 亿元，补偿群在保护群选择保护策略时可以获得的收益为 45 亿元，净收益为 20 亿元。保护群和补偿群策略选择示意图如图 7-4 所示。

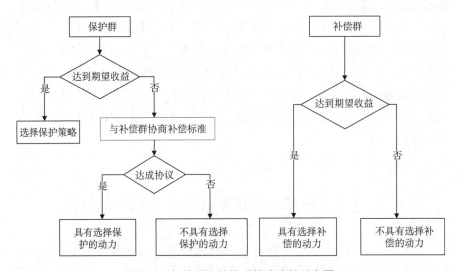

图 7-4　保护群和补偿群策略选择示意图

以下对保护群和补偿群策略选择的情形进行分析。

a)情形一：当重庆三峡库区的保护群投入 20 亿元时，保护群可以从中获得的收益为 35 亿元，此时，就算补偿群没有提供补偿费用，也不会影响保护群对重庆三峡库区生态环境的保护工作。即在该情形下，保护群选择保护策略，补偿群既可以选择补偿，也可以选择不补偿，对重庆三峡库区的生态保护工作影响不大。

　　图 7-5 为情形一的分析结果，从图中可以看出，保护群投入 20 亿～35 亿元的保护成本进行环境保护，而补偿群并没有做出补偿措施，整个系统的状态没有受到影响，趋于稳定均衡；当然，补偿群也可以选择补偿策略，这样可以加快生态补偿工作的进行，使系统更快地达到稳定状态。

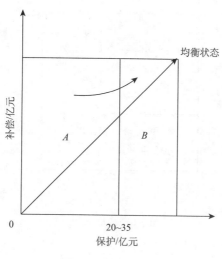

图 7-5　情形一分析

　　b) 情形二：随着重庆经济的快速发展，工业化进程的加快，需要保护群投入的机会成本也会增加，当投入的成本高于 35 亿元，但低于 45 亿元时，保护群依旧选择保护策略，但其保护积极性会明显下降。此时，若补偿群选择不补偿策略，将会使保护群完全丧失保护重庆三峡库区生态的能力，严重的话可能导致环境破坏加剧；若补偿群选择对保护群所做的牺牲做出补偿，那便可以缓解双方的矛盾，共同致力于重庆三峡库区生态环境的保护。

　　图 7-6 为情形二的分析结果，保护群投入 35 亿～45 亿元进行重庆三峡库区的环境保护，相对于情形一来说，投入增加了不少。此时，若补偿群补偿费用低于 15 亿元，就会使保护群缺少环境保护的动力，可能加剧了重庆三峡库区的环境污染，因此，为了使系统趋于均衡稳定状态，补偿群至少需要向保护群支付 15 亿元作为补偿费用，使保护群具有选择保护环境的动力，促进保护群的保护行为。

　　c) 情形三：如果保护群投入的成本继续增加，最终超过补偿群的收益 45 亿元，此时，只靠博弈双方的保护与补偿策略很难达到一个稳定均衡状态。要解决该问题，则需要国家或政府进行财政转移支付，补偿保护群投入的巨额成本，从而使博弈双方达到均衡状态，有利于开展接下来的生态保护工作。

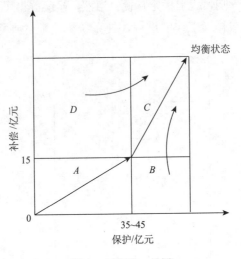

图 7-6　情形二分析

图 7-7 为情形三的分析结果，从图中可以看出，当保护群投入的保护成本超过 45 亿元时，补偿群要保证其收益为 20 亿元，最多只能向保护群补偿 25 亿元，而若要在保证保护群和补偿群利益最大化的前提下达到稳定状态，只靠两者的决策很难实现，此时需要投入政府财政转移支付来平衡双方的利益关系，使保护群具有保护动力，补偿群具有补偿动力。

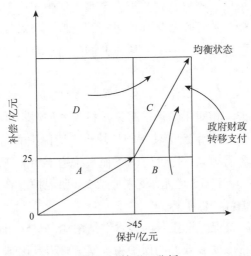

图 7-7　情形三分析

对上述三种情形进行分析(表7-6),情形一与情形二各自的期望收益均较为理想,两者处于稳定状态,并且不需要政府的财政转移支付。但随着保护群投入的机会成本不断增加,最终超过一定额度时,如情形三所示,此时生态系统已经处于不稳定状态,在保证保护群和补偿群期望收益最大化的前提下,需要政府的财政转移支付来进行调节,使之趋向于稳定状态。

表 7-6 三种情形分析一览表

项目	保护群		补偿群		稳定性	是否需要政府财政转移支付
	投入机会成本/亿元	期望收益/亿元	补偿费用/亿元	期望收益/亿元		
情形一	20~35	15	0	45	稳定	不需要
情形二	35~45	15	15	30	稳定	不需要
情形三	>45	15	25	20	不稳定	需要

综上,当处于情形一时,只由保护群选择保护策略,无论补偿群做出什么选择,对博弈双方来说,收益都是比较高的,并且对重庆三峡库区的生态保护最有利。但是,在实际情况下,多为情形二或情形三的状况,即随着社会的发展,保护群投入的机会成本会不断增多,需要补偿群及时做出调整,选择补偿策略;当保护群投入的成本更多时,则需要政府的财政转移支付来支持。所以,重庆三峡库区后续发展最优化环境保护补偿稳定策略是(保护,补偿),即保护群选择保护策略,补偿群选择补偿策略,同时需要政府的大力支持,来对重庆三峡库区进行生态补偿,从而保护重庆三峡库区的生态环境。

本节主要基于统计年鉴的资料,采用机会成本法,估算出重庆三峡库区进行生态建设所需的机会成本,再依据保护群和补偿群选择策略的动力来设立三种情形,从博弈论的角度分别对其进行研究分析,最终提出重庆三峡库区后续发展生态补偿的最优策略,即(保护,补偿)策略,同时需要政府提供财政转移支付,共同参与保护重庆三峡库区生态环境。

(四)重庆三峡库区后续发展生态补偿模式研究

重庆三峡库区后续发展生态补偿模式主要有项目补偿、政策补偿、资金补偿、实物补偿、智力与技术补偿等。

　　a) 项目补偿：在重庆三峡库区的生态补偿中，国家可以出台一些政策项目，支持重庆三峡库区生态环境的建设和保护项目，如工程浩大的三峡移民工程等。通过在重庆三峡库区设立一些环保项目，鼓励人们参与进来，支持重庆三峡库区的生态保护工作。

　　b) 政策补偿：应该在重庆三峡库区及时制定一系列政策法规来规范生态补偿工作的顺利进行。政策补偿主要由国家、政府来制定，对重庆三峡库区的生态保护实行一些特殊的优惠政策，并且协调重庆三峡库区上下游的生存发展权利、资源的开发利用权利和生态保护权利，使重庆三峡库区的利益群体合作起来，共同开发利用环境，共同承担环保成本。

　　c) 资金补偿：重庆三峡库区的资金补偿路径很多，其中政府的财政转移支付是其进行生态补偿最为常见的方式。通过前文的实证分析可以知道，保护重庆三峡库区的生态环境需要增加政府的财政转移支付，加大政府的保护力度。另外，可以通过征收生态补偿税，扩充重庆三峡库区生态补偿的补偿基金，并用于重庆三峡库区生态保护和生态补偿的实施和监管。

　　d) 实物补偿：三峡大坝的建成，重庆三峡库区的水位上升，淹没了大量的耕地、林地、动植物栖息地等，还造成了举世瞩目的三峡移民工程。实物补偿就是针对实施某些工程，环境遭受破坏后，用物质方面的东西来对环境进行补偿。例如，大坝建成后，三峡工程发出的电力可以使重庆直接受益，并且政府每年会从三峡电站上缴的增值税中拿出一部分作为补偿支付给重庆。此外，还可以通过提供一些设备、技术等，使其参与到重庆三峡库区的生态保护工作中。

　　e) 智力与技术补偿：在重庆三峡库区内，为保护其生态环境，政府可以提供一些无偿的、先进的技术，提供咨询和指导，在保护区内开展智力服务，并根据重庆三峡库区的需求输送一些专业人士，为重庆三峡库区的生态保护提供技术支持，同时也可以输送一些劳动力参与到重庆三峡库区的环保工作中，不但可以为重庆三峡库区的环保事业增添动力，还可以解决一部分人的就业问题，两全其美。

　　在实践中，可以分别利用上述补偿方式来对重庆三峡库区的后续发展进行生态补偿，也可以选择几种不同的方式进行组合，并选择最优的组合形式来支持重庆三峡库区开展生态环境建设和保护。

(五)本 章 小 结

本章以重庆三峡库区为研究对象,基于博弈论的视角,对重庆三峡库区的生态补偿机制进行研究。在做出重庆三峡库区博弈模型的基本假设之后,构建了重庆三峡库区后续发展生态补偿博弈模型,并在之后的研究中得到了如下结论。

a)利用重庆三峡库区生态补偿博弈模型,分别从保护群和补偿群的角度演化博弈稳定策略,然后再将其构成重庆三峡库区的博弈动态复制系统,利用雅克比矩阵局部均衡点的稳定性分析,进而得到(保护,补偿)策略为该博弈模型的最优解。

b)在博弈模型的基础上,对重庆三峡库区后续发展的生态补偿进行实证分析,分别对重庆三峡库区生态补偿的三种情形进行分析,结果表明,随着社会经济和工业化进程的快速发展,社会上对于重庆三峡库区环保事业的关注也越来越重视,并且每年都会投入数目巨大的保护成本,在对保护群和补偿群进行博弈分析后,得到重庆三峡库区后续发展最优化的环境保护补偿稳定策略为(保护,补偿),此举与博弈模型的结果不谋而合。

c)在研究过程中发现,政府主导依旧是进行重庆三峡库区生态补偿的重要手段,如政府的财政转移支付、设立生态补偿专项基金、征收生态税等。此外,本章在构建博弈模型时不仅基于"谁保护谁受益,谁破坏谁补偿,谁享受谁补偿"原则,还引入了"奖惩约束"机制,从而使模型结果更接近实际应用的结果。

第八章 重庆三峡库区后续发展土地利用变化及驱动机制研究

重庆三峡库区作为整个三峡库区的重要部分，在维护长江流域的自然环境、资源、土地方面有重要的作用，本章以重庆三峡库区为例，构建土地利用动态变化模型和预测模型，分析重庆三峡库区成库前后土地利用变化的数量特征和空间格局演化过程，并对土地利用的未来变化进行预测和模拟，分析土地利用变化的驱动力因子，提出加快三峡库区成库后土地可持续利用的对策与调控途径。

(一)重庆三峡库区土地利用/覆盖变化格局分析

1. 土地利用/覆盖变化的时空变化分析

本章将土地利用类型分为旱地、水田、水库、河流、有林地、灌木林地、建设用地和未利用地共 8 类，利用 ArcGIS 软件对 1978 年、1988 年、1993 年和 2006 年的土地利用变化类型进行分析，探讨土地利用/覆盖变化对重庆三峡库区生态环境、社会经济的影响，提出科学合理的措施为重庆三峡库区的生态安全护航。

(1)土地利用/覆盖变化数量分析

重庆三峡库区(部分)1978 年、1988 年、1993 年和 2006 年的土地利用/覆盖类型图如图 8-1 所示，利用 ArcGIS 提取得到重庆三峡库区四期土地利用/覆盖面积(表 8-1)和各类土地利用类型所占的百分比(表 8-2)。

由图 8-1 可知：①建设用地逐年增加，土地利用/覆盖变化十分显著；②人类改造自然的活动能力增强，社会经济发展较好，建设用地扩展迅速，

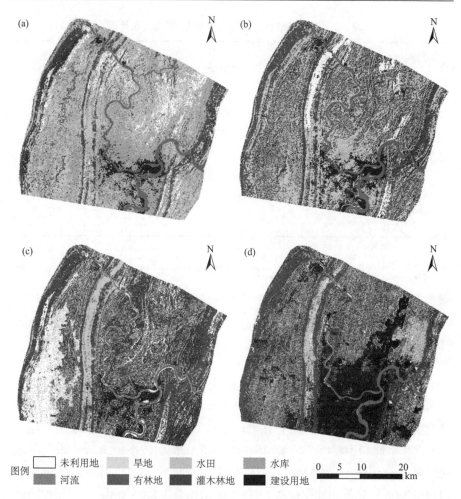

图例 未利用地　旱地　水田　水库
　　　河流　有林地　灌木林地　建设用地
0　5　10　　20 km

图 8-1　四期重庆三峡库区(部分)土地利用/覆盖类型

(a)1978 年；　(b)1988 年；　(c)1993 年；　(d)2006 年

表 8-1　重庆三峡库区四期土地利用/覆盖面积

土地利用类型	1978 年 面积/km²	1988 年 面积/km²	1993 年 面积/km²	2006 年 面积/km²
建设用地	53.55	96.68	94.31	328.94
灌木林地	36.47	407.4	798.24	608.48
有林地	221.97	164.21	137.94	164.48
旱地	477.32	737.43	362.91	384.41
水田	654.79	76.41	84.78	41.94
河流	68.26	63.71	43.48	54.19
水库	8.55	5.17	11.55	14.37
未利用地	94.36	61.56	79.35	15.36

表 8-2　重庆三峡库区四期土地利用/覆盖面积比例

土地利用类型	1978 年 面积比例/%	1988 年 面积比例/%	1993 年 面积比例/%	2006 年 面积比例/%
建设用地	3.32	6.00	5.85	20.40
灌木林地	2.26	25.26	49.50	37.74
有林地	13.74	10.18	8.55	10.20
旱地	29.55	45.73	22.51	23.84
水田	40.54	4.74	5.26	2.60
河流	4.23	3.95	2.70	3.36
水库	0.53	0.32	0.72	0.89
未利用地	5.84	3.82	4.92	0.95

未利用土地面积减少；③图中的植被面积在 1978～1993 年越来越多，但 2006 年植被面积减少，这是因为 1993 年三峡工程开始修建，植被遭到破坏，多转化为其他用地；④土地利用类型以水田和旱地为主，随着社会经济的发展，建设用地的需求量增加，水田和旱地的面积逐年减少，多转化为建设用地。

由表 8-1 与表 8-2 可知：①土地利用类型多样，有水田、旱地、河流、水库、有林地、灌木林地、建设用地和未利用地这 8 类，其中灌木林地和旱地所占比重较大，其次是有林地、建设用地、水田、河流、未利用地、水库；②土地利用程度高，未利用地面积所占比例较小，2006 年未利用地面积只占总面积的 0.95%；③社会经济发展迅速，建设用地扩展较快，1978～2006 年建设用地面积从 53.55 km^2 增加到 328.94 km^2，未利用地的面积越来越少，到 2006 年未利用地的面积只有 15.36 km^2；④生态环境有所改善，1978～2006 年灌木林地的面积和比例均有所增大，面积由 36.47 km^2 增加到 608.48 km^2。

(2) 土地利用/覆盖变化转移矩阵分析

转移矩阵被广泛应用到土地利用变化分析和土地类型预测中，主要采用 GIS 技术或者应用 Markov 方法获得，结合土地利用数量变化、程度变化、空间变化等指数(岳东霞等，2011；蔡为民等，2006；张俊等，2006；刘传胜等，2007；郝慧梅等，2011；刘瑞和朱道林，2010；白根川等，2009；陈书卿和刁承泰，2009；刘琼等，2005)分析研究期内各土地利用类型的转移变化情况，并对未来若干年土地利用结构的演变趋势进行预测(牛星和欧名豪，2007；陈江龙等，2003；吴桂平等，2007；王鹏等，2003；乔伟峰等，2013)。

土地利用转移矩阵方程为(王秀兰和包玉海，1999)

$$S_{ij} = \begin{bmatrix} S_{11} & S_{12} & ... & S_{1n} \\ S_{21} & S_{22} & ... & S_{2n} \\ ... & ... & ... & ... \\ S_{n1} & S_{n2} & ... & S_{nn} \end{bmatrix} \tag{8.1}$$

式中，S 为重庆三峡库区的土地面积；n 为转移前后三峡库区土地利用类型数；$i, j(i, j = 1, 2, \cdots, n)$ 分别为转移前与转移后的土地利用类型；S_{ij} 为转移前的 i 地类转换成 j 地类的面积。

应用 ArcGIS 分别对 1978 年、1988 年、1993 年、2006 年这四期数据进行叠加分析，将数据导入到 Excel 中，应用透视图和透视表，获得相应的转移矩阵，见表 8-3～表 8-5。

表 8-3　1978～1988 年土地利用/覆盖变化转移矩阵

1978～1988 年/km²	灌木林地	旱地	河流	建设用地	水库	水田	未利用地	有林地
灌木林地	1.561	11.791	0.007	0.033	0.016	0.080	0.020	22.671
旱地	118.279	292.124	0.322	5.197	1.057	13.296	21.046	25.390
河流	3.909	6.033	54.774	1.396	0.424	1.067	0.469	0.048
建设用地	4.403	5.741	1.873	39.312	0.291	1.692	0.129	0.070
水库	2.026	1.854	0.079	1.391	1.421	0.893	0.044	0.823
水田	202.997	311.587	6.209	45.649	1.454	51.052	21.984	12.377
未利用地	12.057	64.202	0.091	1.397	0.347	1.513	12.665	2.001
有林地	62.001	43.749	0.278	2.290	0.164	6.802	5.193	100.098

表 8-4　1988～1993 年土地利用/覆盖变化转移矩阵

1988～1993 年/km²	灌木林地	旱地	河流	建设用地	水库	水田	未利用地	有林地
灌木林地	296.763	36.424	0.498	5.022	2.638	34.275	7.305	24.462
旱地	378.331	254.302	1.095	15.877	3.017	23.114	50.733	10.939
河流	2.847	9.113	41.103	2.748	0.136	0.152	7.268	0.275
建设用地	3.740	20.722	0.051	67.678	0.365	0.401	1.654	2.075
水库	0.600	0.475	0.034	0.071	2.730	1.003	0.121	0.138
水田	41.931	2.497	0.572	2.081	2.497	23.742	0.200	2.890
未利用地	12.686	34.128	0.101	0.552	0.119	1.190	10.851	1.931
有林地	60.798	6.077	0.010	0.317	0.050	0.908	1.377	93.979

表 8-5　　1993～2006 年土地利用/覆盖变化转移矩阵

1993～2006 年 /km²	灌木林地	旱地	河流	建设用地	水库	水田	未利用地	有林地
灌木林地	376.084	207.525	2.740	128.780	6.199	24.424	4.027	49.014
旱地	131.034	121.325	5.250	75.082	2.014	8.921	6.025	12.918
河流	1.661	2.383	37.585	1.129	0.039	0.067	0.508	0.080
建设用地	6.207	0.968	2.121	82.464	0.400	0.027	0.969	1.106
水库	1.728	0.957	0.182	4.575	3.569	0.223	0.082	0.234
水田	36.135	21.132	0.374	18.619	1.391	5.195	1.043	0.825
未利用地	31.466	24.156	5.777	11.836	0.362	2.405	1.615	1.713
有林地	24.868	5.790	0.151	6.415	0.384	0.656	1.088	98.544

由表 8-3 可知，变化明显的是旱地和水田，旱地中有 118.279km² 转换为灌木林地，水田中有 202.997 km² 转换为灌木林地、311.587 km² 转换为旱地，河流、水库、水田、有林地、建设用地、未利用地也有少部分转换为灌木林地。同时，灌木林地转换为其他用地的土地面积也较大，大部分转换成了旱地和有林地，其他用地之间的转换面积不大。

由表 8-4 可知，旱地、水田、有林地中的大部分土地转换成了灌木林地，灌木林地的面积增加不少。未利用地和建设用地转换为旱地的土地面积较多，其他用地间的转换面积较小，这说明三峡工程初期建设对人类农业活动有较大的影响。

由表 8-5 可知，灌木林地大量转换为旱地和建设用地，其面积分别为 207.525 km² 和 128.780 km²。旱地、水库、水田、未利用地均有大部分转换为旱地和建设用地，建设用地面积的增加表明三峡移民工程中建设用地的需求量很大，社会经济也有一定的发展。旱地数量的增加说明三峡工程中的围堰、修坝对水资源的分布影响很大，人为改变了河流的流向，减少了河流的分支，造成了部分区域缺水的现象。

2. 土地利用/覆盖变化动态度变化分析

本章用单一土地利用动态度、单一土地利用空间变化动态度、单一土地利用动态度变化趋势和状态指数、综合土地利用动态度、综合空间动态度和综合动态度的整体变化趋势指数分析土地利用类型在空间和数量上的动态变化。

(1)单一土地利用动态度

单一土地利用动态度可以表达重庆三峡库区一定时间范围内某种土地利用类型的数量变化情况，其计算公式为

$$K_s = \frac{U_b - U_a}{U_a} \times \frac{1}{\cdot T} \times 100\% \tag{8.2}$$

式中，K_s 为 1978～2016 年内某一土地利用/覆盖类型动态度；U_a、U_b 分别为研究期初及研究期末某一土地利用/覆盖类型数量；T 为研究时段。

依据式(8.2)计算得出 1978～2006 年重庆三峡库区各研究期内单一土地利用动态度，其结果如表 8-6 所示。

表 8-6　重庆三峡库区单一土地利用动态度

土地利用类型	1978～1988 年/%	1988～1993 年/%	1993～2006 年/%
旱地	5.45	−10.16	0.46
水田	−8.83	2.19	−3.89
河流	−0.67	−6.35	1.89
水库	−3.95	24.68	1.88
有林地	−2.60	−3.20	1.48
灌木林地	101.71	19.19	−1.83
建设用地	8.05	−0.49	19.14
未利用地	−3.48	5.78	−6.20

由表 8-6 可以看出，土地利用类型均存在明显的变化，其中灌木林地的变化最为明显，1978～1988 年其增长速度达到了 101.71%，面积翻倍增长，1988～1993 年其增长速度也达到了 19.19%，而 1993～2006 年灌木林地呈现减少趋势。旱地在 1978～1988 年以 5.45%的速度增长，在 1988～1993 年以−10.16%的速度呈现负增长，在 1993～2006 年增长缓慢。水田在 1978～1988 年呈现负增长，在 1988～1993 年以 2.19%的速度增长，1993～2006 水田面积减少，从旱地和水田两者的变化速度来说，耕地的数量在 1978～2006 年都是减少的，前期受三峡水库修建的影响，后期受三峡移民的影响。河流和水库在 1978～1988 年的增长速度均为负值，而 1988～1993 年受三峡工程一期准备工作的影响，河流负增长速度明显增大，水库则以 24.68%的速度增长，1993～2006 年受三峡水库修建和蓄水的影响，河流、水库面积增加。1978～1988 年建设用地面积以 8.05%速度快速增加，1988～1993 年受三峡工程围堰填筑的影响，建设用地面积减少，随着三峡移民工

程的进行，1993～2006 年建设用地以 19.14%的增长速度飞速增长，未利用地开始减少。

(2)单一土地利用空间变化动态度

单一土地利用空间变化动态度用来反映重庆三峡库区某一土地利用类型的空间变化，其计算公式如下：

$$K_{ss} = \frac{\Delta U_{in} + \Delta U_{out}}{U_b} \times \frac{1}{T} \times 100\% \tag{8.3}$$

式中，ΔU_{in} 为研究时段 T 内其他类型转变为该类型的面积之和；ΔU_{out} 为某一类型土地转变为其他类型土地的面积之和；U_b 为研究期末某一种土地利用类型的数量。当将 T 设定为年时，K_{ss} 的值就是该研究区单一土地利用空间变化动态度。重庆三峡库区各个研究阶段单一土地利用空间变化动态度如表 8-7 所示。

表 8-7　重庆三峡库区单一土地利用空间变化动态度

土地利用类型	1978～1988 年/%	1988～1993 年/%	1993～2006 年/%
旱地	8.54	32.58	10.09
水田	82.15	26.82	21.33
河流	3.49	11.46	3.19
水库	21.00	19.50	10.06
有林地	11.25	16.42	4.92
灌木林地	10.81	15.33	8.28
建设用地	7.40	11.80	6.04
未利用地	21.20	30.03	45.81

由表 8-7 可以看出，水田和未利用地的单一土地利用空间变化动态度最大，均在 20%以上，尤其是 1978～1988 年水田单一土地利用空间变化动态度达到了 82.15%，其转化的面积占研究期初面积比例较大，其次是水库的单一土地利用空间变化动态度。旱地在 1988～1993 年单一土地利用空间变化动态度达到了 32.58%，在这期间旱地转换频繁。由水田和未利用地单一土地利用空间变化动态度可以看出，二者的空间相对比较频繁，相比之下河流、有林地、灌木林地、建设用地的单一土地利用空间变化动态度是较小的。

(3)单一土地利用动态度变化趋势和状态指数

单一土地利用动态度变化趋势和状态指数计算公式为

$$P = \frac{K_s}{K_{ss}} = \frac{U_b - U_a}{\Delta U_{in} + \Delta U_{out}} \quad (-1 \leqslant P \leqslant 1) \quad (8.4)$$

式中，P 为土地利用/覆盖类型的变化趋势和状态指数；U_a、U_b 分别为研究初期及研究期末某一种土地利用/覆盖类型数量；ΔU_{in} 为研究时段 T 其他类型土地转变为该类型土地的面积之和；ΔU_{out} 为某一类型土地转变为其他类型土地的面积之和。

当 $0 < P \leqslant 1$ 时，表明该土地利用/覆盖类型面积呈增长趋势。P 越接近于 0，表明该土地利用/覆盖类型的面积缓慢增加，呈双向频繁转换均衡状态，但其转换为其他类型土地的面积略小于其他类型土地转换为该类型土地的面积；P 越接近于 1，说明该土地利用类型主要由其他类型转化而来，呈现非平衡态势，该类型土地面积增加明显。

当 $-1 \leqslant P < 0$ 时，表明该土地利用/覆盖类型面积呈减少趋势。P 接近于 0，表明该土地利用/覆盖类型的面积缓慢减少，呈现双向频繁转换均衡态势，但转换为其他类型土地的面积略大于其他类型转换为该类型土地的面积；P 越接近于 -1，说明该土地类型主要转换为其他类型，呈现极端不平衡态势，该类型土地面积逐渐萎缩。

重庆三峡库区各个研究段土地利用/覆盖类型变化趋势和状态指数的计算结果如表 8-8 所示。

表 8-8　重庆三峡库区单一土地利用动态度变化趋势和状态指数

土地利用类型	1978~1988 年	1988~1993 年	1993~2006 年
旱地	0.413	−0.632	0.043
水田	−0.922	−0.074	−0.369
河流	−0.205	0.812	0.477
水库	−0.311	0.566	0.150
有林地	−0.314	−0.234	0.252
灌木林地	0.842	0.639	−0.289
建设用地	0.561	−0.043	0.909
未利用地	−0.251	0.151	−0.700

从表 8-8 中可以看出重庆三峡库区各研究段单一土地利用动态度变化趋势和状态指数：①水田的土地利用动态度变化趋势和状态指数一直处于

$-1 \leqslant P \leqslant 0$，说明水田朝着土地利用/覆盖类型面积减少的方向发展，1988～1993 年水田的土地利用动态度变化趋势和状态指数为-0.074，接近于 0，表明水田利用类型的规模减少缓慢，水田与旱地、河流、有林地、灌木林地等的双向交换频繁，呈现均衡态势。②旱地在研究时段中变化趋势不稳定，1988～1998 年土地利用动态度变化趋势和状态指数为负值，1978～1988 年、1993～2006 年分别为 0.413、0.043，其中 0.043 接近于 0，表明1993～2006 年旱地朝着土地利用/覆盖类型规模增大的方向发展，但其增长速度缓慢，与其他土地利用类型之间交换频繁，呈平衡态势，但旱地转换为其他类型土地的面积略小于其他类型土地转化为旱地的面积。③河流在1978～1988 年、1993～2006 年这两个时段转化较为平衡，1988～1993 年其土地利用动态度变化趋势和状态指数达到 0.812，接近 1，说明该时段内的转化多为其他类型用地转化为河流，呈现非平衡态势，致使河流面积稳步增加。④灌木林地的土地利用动态度变化趋势和状态指数较大，1978～1988 年、1988～1998 年分别为 0.842、0.639，均大于 0.6，说明灌木林地与其他用地类型之间交换频繁，灌木林地多为其他用地类型转化而来且面积不断增长，但其土地利用动态度变化趋势和状态指数在减小，说明灌木林地的增长速度在减慢，1993～2006 年其土地利用动态度变化趋势和状态指数为-0.289，灌木林地转化为其他类型用地的面积大于其他类型用地转化为灌木林地的面积，面积缓慢减少。⑤1978～2006 年建设用地的转换态势呈现出不平衡—较为平衡—极端不平衡趋势，1993～2006 年其土地利用动态度变化趋势和状态指数为 0.909，极其接近 1，建设用地在这期间面积增长迅速，正如图 8-1 中 2006 年土地利用/覆盖类型图中的建设用地比 1993年图中的建设用地大得多，以 1993 年的建设用地为基础向四周扩散，更加表明建设用地与其他用地交换频繁，其面积多为其他用地类型转换所得。⑥有林地面积变化较为平衡，未利用地在 1978～1988 年、1988～1998 年土地利用动态度变化趋势和状态指数变化不明显，没有很大幅度的增减，而 1993～2006 年其土地利用动态度变化趋势和状态指数为-0.700，表明随着社会经济的进步，未利用地逐渐为其他土地利用类型所替代。

(4) 综合土地利用动态度

综合土地利用动态度(何锦峰，2009)可以用来研究重庆三峡库区各种土地利用/覆盖类型的转移与变化关系，其公式可以表示为

$$R = \frac{\sum\limits_{i=1}^{n}\left|\Delta U_{i-j} - U_{j-i}\right|}{2\sum\limits_{i=1}^{n}U_i} \times \frac{1}{T} \times 100\% \tag{8.5}$$

式中，ΔU_{i-j} 为 i 类土地利用类型转化为非 i 类土地利用类型的面积；U_{j-i} 为非 i 类土地利用类型转化为 i 类土地利用类型的面积；U_i 为研究期开始第 i 类土地利用类型的面积；T 为研究时段长。当 T 的时段为年时，R 的值就是 T 年内核区域土地利用年变化率。通过 1978 年、1988 年、1993 年和 2006 年这 4 年的土地利用面积求得重庆三峡库区综合土地利用动态度，如表 8-9 所示。

表 8-9　重庆三峡库区综合土地利用动态度

研究时期	1978～1988 年/%	1988～1993 年/%	1993～2006 年/%
综合动态度	4.19	5.25	1.41

由表 8-9 可以看出，1978～1988 年、1988～1993 年、1993～2006 年的综合土地利用动态度分别为 4.19%、5.25%、1.41%，其中 1988～1993 年的综合土地利用动态度最大，土地利用变化最为活跃，其次为 1978～1988 年，1993～2006 年的综合土地利用动态度最小，土地利用变化活跃程度最低。

(5) 综合空间动态度

综合土地利用动态度仅反映了研究区土地利用类型总的数量年变化率，为了考虑空间变化，引入土地利用类型的综合空间动态度，其计算公式如下：

$$S = \frac{\sum\limits_{i=1}^{n}\left|\Delta U_{i-j} + U_{j-i}\right|}{2\sum\limits_{i=1}^{n}U_i} \times \frac{1}{T} \times 100\% \tag{8.6}$$

式中，ΔU_{i-j} 为 i 类土地利用类型转化为非 i 类土地利用类型的面积；U_{j-i} 为非 i 类土地利用类型转化为 i 类土地利用类型的面积；U_i 为研究期开始 i 类土地利用类型的面积；T 为研究时段长。根据公式可以得出重庆三峡库区各研究期的土地利用综合空间动态度及其变化，见表 8-10。

表 8-10　重庆三峡库区土地利用综合空间动态度

项目	1978~1988 年/%	1988~1993 年/%	1993~2006 年/%
综合空间动态度	6.57	10.18	4.23

由表 8-10 可以看出，1988~1993 年的土地利用综合空间动态度最大，说明三峡工程的前期准备影响了重庆三峡库区的土地利用/覆盖，导致各类用地间交换频繁，空间上变化较大。1993~2006 年的土地利用综合空间动态度最小，说明各类用地间的转化不活跃。

(6)综合动态度的整体变化趋势指数

综合动态度的整体变化趋势指数可以反映重庆三峡库区土地利用变化动态度的整体趋势和状态，其计算公式如下：

$$V = \frac{R}{S} = \frac{\sum_{i=1}^{n}\left|\Delta U_{i-j} - U_{j-i}\right|}{\sum_{i=1}^{n}\left|\Delta U_{i-j} + U_{j-i}\right|} \qquad 0 \leqslant V \leqslant 1 \tag{8.7}$$

当 $0 \leqslant V \leqslant 0.25$ 时，定义为土地利用处于平衡状态；当 $0.25 < V \leqslant 0.5$ 时，定义土地利用处于半平衡状态；当 $0.5 < V \leqslant 0.75$ 时，定义土地利用处于不平衡状态；当 $0.75 < V \leqslant 1$ 时，定义土地利用处于极端不平衡状态。利用式(8.7)计算得出重庆三峡库区土地利用/覆盖综合动态度的整体变化趋势指数，如表 8-11 所示。

表 8-11　重庆三峡库区各阶段综合动态度的整体变化趋势指数

项目	研究时期		
	1978~1988 年	1988~1993 年	1993~2006 年
综合动态度的整体变化趋势指数	0.64	0.52	0.33

由表 8-11 可以看到 1978~1988 年和 1988~1993 年综合动态度的整体变化趋势指数都在 $0.5 < V \leqslant 0.75$ 范围内，土地处于不平衡状态；1993~2006 年综合动态度的整体变化趋势指数为 0.33，处于 $0.25 < V \leqslant 0.5$ 范围内，土地处于半平衡状态。总的来说，这 3 个阶段的土地都处于不太平衡的状态，各类土地利用类型间相互转化较为频繁。

3. 土地利用程度变化分析

研究土地利用程度的区域分异规律，不仅可以探索并模拟自然环境在土地利用/覆盖变化中所起的作用，也可以弄清人类社会驱动因子在土地利用/覆盖变化中的地位和作用，从而通过人类社会因素预测未来 50～100 年土地利用/覆盖变化的总趋势，以及对自然环境变化的影响(刘纪远，1996)。

参考刘纪远(1996)提出的数量化土地利用程度分析方法，对土地利用级按土地利用类型赋予不同的值，得到四种土地利用程度的分级指数，如表 8-12 所示。

表 8-12　土地利用程度分级赋值表

项目	未利用地级	林、草、水用地级	农业用地级	城市聚落用地级
土地利用类型	未利用地或难利用地	林地、草地、水域	耕地、园地、人工草地	城镇、居民点、工矿用地、交通用地
分级指数	1	2	3	4

分级指数越高，人类投入越加，土地利用效益越大，人口承载力也越加。据此，对于一个地区的土地利用程度的定量化采用数学方法进行综合，形成一个在 1 和 4 之间连续分布的指数，该指数的大小综合反映该地区的土地利用程度，可以衡量土地利用程度的广度和深度(刘坚等，2006)，其计算公式为

$$L = \sum_{i=1}^{n} A_i \times C_i \quad L \in [1,4] \tag{8.8}$$

式中，L 为重庆三峡库区土地利用程度综合指数，反映土地利用程度；A_i 为研究区域内第 i 土地利用程度分级指数；C_i 为研究区内第 i 级土地利用程度分级面积百分比；n 为土地利用程度分级数。利用式(8.8)计算重庆三峡库区各个研究期土地利用程度，如表 8-13 所示。

表 8-13　重庆三峡库区土地利用程度

项目	1978 年	1988 年	1993 年	2006 年
土地利用程度	1.7178	1.6718	1.8953	2.1861

由表 8-13 可以看出，1978～2006 年重庆三峡库区土地利用程度指数总体呈增加趋势，说明人类活动对土地利用的影响越来越大，但在 1988 年有较小幅度的下降。2006 年的土地利用程度指数最大，说明人类对土地

利用的开发强度加大。1978～1993 年的土地利用程度指数在 1～2，而 2006 年的土地利用指数大于 2，说明土地利用程度由粗放型向集约型转变。

通过对重庆三峡库区土地利用/覆盖变化格局进行研究可以得出，重庆三峡库区土地利用/覆盖变化十分明显。灌木林地和旱地一直是研究区域内的优势类型，所占面积较大。建设用地面积处于不断增长的趋势，水库面积也略微有所增加，其余土地利用类型面积都呈现出减少的状态。各土地利用类型间的相互转换很频繁。

采用单一土地利用动态度和综合土地利用动态度从数量上和空间上对重庆三峡库区土地利用/覆盖变化空间格局进行了研究。其中单一土地利用动态度最大的是 1978～1988 年的灌木林地，单一土地利用变化空间动态度最大的则是水田和未利用地。土地利用变化趋势和状态指数表明，水田朝着土地利用/覆盖类型规模减少的方向发展，旱地、河流和建设用地在研究时段中变化趋势不稳定，灌木林地的单一土地利用动态度变化趋势和状态指数值较大，有林地面积变化较为平衡。1988～1993 年的综合土地利用动态度最大，1993～2006 年的综合土地利用动态度最小，土地利用变化活跃程度最低。1988～1993 年的综合空间动态度最大。各阶段的综合动态度的整体变化趋势指数表明重庆三峡库区在 3 个阶段中土地都处于不太平衡的状态，各类土地利用类型间的相互转化较为频繁。土地利用程度的研究采用了刘纪远等提出的数量化土地利用程度分析方法，结果表明重庆三峡库区的土地利用程度高。

(二)重庆三峡库区土地利用/覆盖变化动态变化预测

土地利用/覆盖变化是一个动态的过程，是各类用地类型之间相互转化的过程。土地利用/覆盖发生变化，即从一种土地利用类型转化为另一种土地利用类型，这种转移格局可以用转移矩阵来表示。转移格局为土地利用/覆盖变化的预测提供了依据，同时也指明了土地利用/覆盖变化未来的发展趋势。本章采用地图数化方法获取数据资料，构建土地利用动态变化模型，利用 GIS 软件，结合 Markov 模型预测重庆三峡库区未来的土地利用状况。

1. 马尔可夫模型(Markov)简介

马尔可夫过程是 1907 年由俄国数学家马尔可夫(A.A. Markov)提出并以自己姓名命名的一种事物发展的随机过程。只要知道事物现在的状态，马尔可夫预测法基于一种独立的统计假设，利用转移概率矩阵就能够预测未来。马尔可夫模型是基于马尔可夫链，根据事件的目前状况预测其将来各个时刻变动状况的预测方法，被广泛应用到土地利用变化预测中。

2. 重庆三峡库区土地利用变化趋势预测

转移概率是由一种状态到另一种状态的转化速率。在土地利用/覆盖变化研究中，转移概率可以通过一定时段内某一土地利用/覆盖类型的转化率获得，即某地类转化后的各土地利用/覆盖类型面积占转化前该地类的百分比。

转移概率矩阵表示如下：

$$P_{ij} = \begin{bmatrix} P_{11} & P_{12} & ... & P_{1n} \\ P_{21} & P_{22} & ... & P_{2n} \\ ... & ... & ... & ... \\ P_{n1} & P_{n2} & ... & P_{nn} \end{bmatrix} \tag{8.9}$$

第 i 行表示第 i 类土地利用类型转移到其他各类土地利用类型的转移概率。其中 P_{ij} 为土地类型 i 转化为类型 j 的转移概率，矩阵中的元素有以下特点：

$$0 \leqslant P_{ij} \leqslant 1 \tag{8.10}$$

$$\sum_{i=1}^{n} P_{ij} = 1 \tag{8.11}$$

根据转移概率的定义，结合土地利用转移矩阵式(8.1)，转移矩阵与其同型转移概率矩阵各要素之间的关系如下：

$$P_{ij} = \frac{S_{ij}}{S_i} \tag{8.12}$$

式中，P_{ij} 即转移概率矩阵中的各元素等于相应土地利用转移矩阵中各元素 S_{ij} 与所在行元素之和 S_i 的比。

用最近年份的数据对重庆三峡库区土地利用面积进行预测，以确保准确性。根据概率矩阵的算法，结合表 8-5，得到 1993～2006 年土地利用转移概率矩阵，如表 8-14 所示。

根据 Markov 模型性质和条件概率的定义，可应用 Markov 模型过程基本方程进行土地利用结构预测，公式如下：

表 8-14　1993～2006 年土地利用转移概率矩阵

1993～2006 年	灌木林地	旱地	河流	建设用地	水库	水田	未利用地	有林地
灌木林地	0.4708	0.2598	0.0034	0.1612	0.0078	0.0306	0.0050	0.0614
旱地	0.3614	0.3346	0.0145	0.2071	0.0056	0.0246	0.0166	0.0356
河流	0.0382	0.0548	0.8650	0.0260	0.0009	0.0015	0.0117	0.0018
建设用地	0.0658	0.0103	0.0225	0.8748	0.0042	0.0003	0.0103	0.0117
水库	0.1496	0.0828	0.0158	0.3961	0.3090	0.0193	0.0071	0.0202
水田	0.4266	0.2494	0.0044	0.2198	0.0164	0.0613	0.0123	0.0097
未利用地	0.3966	0.3045	0.0728	0.1492	0.0046	0.0303	0.0204	0.0216
有林地	0.1803	0.0420	0.0011	0.0465	0.0028	0.0048	0.0079	0.7146

$$P_{ij}^{(n)} = \sum_{k=0}^{n-1} p_{ik} \, p_{kj}^{(n-1)} = \sum_{k=0}^{n-1} p_{ik}^{(n-1)} \, p_{kj} \tag{8.13}$$

式中，n 为转移步数；$P_{ij}^{(n)}$ 为土地类型 i 经过 n 步转化为土地利用类型 j 的概率。

　　马尔可夫过程分析需要两个必需的数据条件：初始状态矩阵和转移概率矩阵。转移概率矩阵即表 8-14 中的 1993～2006 年土地利用转移概率矩阵，初始状态矩阵为 2006 年各土地利用/覆盖类型所占土地总面积的百分比，即

$$A = \begin{bmatrix} 0.3778 \\ 0.2383 \\ 0.0336 \\ 0.2040 \\ 0.0089 \\ 0.0260 \\ 0.0095 \\ 0.1020 \end{bmatrix} = \begin{bmatrix} 灌木林地 \\ 旱地 \\ 河流 \\ 建设用地 \\ 水库 \\ 水田 \\ 未利用地 \\ 有林地 \end{bmatrix}$$

　　根据式 (8.5) 将初始状态矩阵和初始状态转移矩阵输入计算机，应用 Matlab 编程进行计算，求出 2006 年后各土地利用类型的转移概率矩阵 $P^{(n)}$ 中的各元素 P_{ij}^n，从而分析土地利用变化趋势。根据 1993～2006 年土地利用/覆盖变化的趋势，通过马尔可夫模型分别对重庆三峡库区 2019 年、2032 年、2045 年的土地利用/覆盖的转化概率进行预测，所得预测结果如表 8-15 所示。

表8-15　2019年、2032年、2045年重庆三峡库区马尔可夫转化预测结果

年份	灌木林地	旱地	河流	建设用地	水库	水田	未利用地	有林地
2019	0.3133	0.1962	0.0395	0.3050	0.0087	0.0201	0.0097	0.1076
2032	0.2731	0.1656	0.0460	0.3733	0.0082	0.0168	0.0098	0.1074
2045	0.2464	0.1451	0.0525	0.4194	0.0078	0.0146	0.0098	0.1044

由表8-15可以看出，2019～2045年灌木林地、旱地、水库、水田、有林地的转移概率在减少，说明灌木林地、旱地、水库、水田、有林地的面积在减少，建设用地的转移概率在增加，并且转移概率最大，这种变化趋势表明，随着社会经济的发展，建设对土地的需求量增加，其他各类用地向建设用地的转化加剧，建设用地面积增加；耕地(水田和旱地)的转化比例减少，重庆三峡库区人民对耕地的依赖度降低，经济发展模式不再过度依赖于农业；灌木林地和有林地的转移概率降低表明灌木林地和有林地的面积变动不大，趋于平衡；河流转移概率增加表明水体加深，河漫滩和礁石被淹没，改善了三峡航道的航行安全，同时提高了水上运输能力，同时对重庆三峡库区的气温也起到了一定的调节作用。转化为未利用地的概率较低，说明重庆三峡库区土地利用效率较高，土地利用越来越集约化。

通过对重庆三峡库区土地利用类型变化进行预测，研究结果表明：①2019～2045年，建设用地依然呈增长趋势，区域对建设用地需求量很大，这表明重庆三峡库区的社会经济在蓬勃发展，其他类型用地变化幅度不大，说明重庆三峡库区的其他类型用地趋于饱和状态，短期内不会再出现大的波动。②相对来说灌木林地是整个研究区转移概率较大的，有下降趋势；旱地和有林地的转移概率也比较大。③未利用地的转移概率低，说明重庆三峡库区土地利用效率较高，土地利用越来越集约化。

(三)重庆三峡库区土地利用/覆盖变化生态响应

景观格局是指与生态系统的大小、形状、数量、类型及构型相关的能量、物质和物种的分布。分析景观格局的目的在于从景观的表面挖掘出其潜在的规律，揭示生态环境对土地利用/覆盖变化所导致的景观格局变化的响应特征(刘春霞等，2011)。本章选取了斑块面积、斑块数量、斑块平均面积、景观多样性指数、景观破碎度和景观分离度这6个景观指数。

1. 生态景观指数的选择

(1)斑块面积

斑块面积表示景观粒度，在一定意义上揭示景观的破碎化程度。斑块面积的大小不仅影响物种的分布和生产力水平，而且影响能量和养分的分布。一般来说，斑块面积越大，物种多样性越高。

(2)斑块数量

斑块数量指某一景观或斑块类型中所有相关斑块的数目。斑块数量反映景观总体的变动特征，可以看出斑块的破碎化程度，以及不同时期土地利用的总体状况。

(3)斑块平均面积

$$\text{Marea} = S/N \tag{8.14}$$

式中，S 为景观中某类斑块的面积或者整个景观面积；与之对应的 N 为景观中某斑块类型或者整个景观所包含的斑块数量。

(4)景观多样性指数

$$\text{SHDI} = -\sum_{i=1}^{m} \left(P_i \times \ln P_i \right) \tag{8.15}$$

式中，P_i 为景观中斑块类型 i 所占的面积比例；m 为景观中的类型数。

在土地利用研究中，景观多样性指数可以描述成一个分区内土地类型的多少和各类型比例的高低，景观多样性指数高的地方，土地类型多样且比例均匀，景观多样性指数低的地方，土地类型少且比例不均匀，有占较大优势的土地类型。

(5)景观分离度

景观分离度是指某一景观中不同斑块个体空间分布的离散程度，Pearce 在研究森林景观格局时，给出了一种森林斑块分离度的算法；在考虑了面积对分离度的影响后，陈利顶和傅伯杰将其修改为

$$F_i = D_i/S_i \tag{8.16}$$

式中，F 为景观分离度；D_i 为景观类型 i 的距离指数，$D_i = (\sqrt{N/A})/2$，N 为景观类型 i 中的斑块总个数，A 为景观的总面积；S_i 为景观类型 i 的面积

指数，$S_i = A_i/A$，A_i 为景观类型 i 的面积。该指标用来分析各土地利用类型的空间分布特征及其在研究地区所占的位置。

(6) 景观破碎度指数

景观破碎度指数是指景观被分割的破碎化程度，它在一定程度上反映了人为因素对景观的干扰程度。公式为

$$C = \sum_{i=1}^{m} n_i / A_i \qquad (8.17)$$

式中，C 为景观破碎度指数；A_i 为景观 i 的总面积；n_i 为 i 种景观要素的总斑块数。

2. 生态景观指数计算结果分析

利用 ArcGIS 导出各年土地利用类型相关数据（面积和斑块数量）到 Excel 中，根据各景观指标的计算公式进行操作，求出各景观指标的数值，得到 4 个年份各景观指标的趋势图（图 8-2、图 8-3、图 8-4、图 8-5 和图 8-6）和表 8-16。

从图 8-2 中可以看出斑块数量较多的是旱地和灌木林地，增长幅度较大，且 2006 年旱地和灌木林地的数量最多，说明旱地和灌木林地的破碎性增加，受人类干扰较强。建设用地的斑块数量逐年增加，说明人类对土地利用的开发强度加大，景观破碎度增大，生态环境破坏严重。其余各土地利用类型的斑块数量涨幅不大，基本趋于稳定。

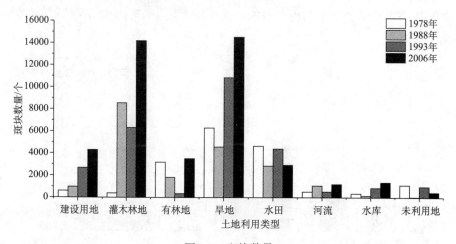

图 8-2　斑块数量

　　由图 8-3 可知，1978 年水田的斑块面积比例最高，1988 年旱地的斑块面积比例最高，1993 年灌木林地的斑块面积比例最高，2006 年灌木林地的斑块比例最高。随着社会的发展和三峡工程的修建，各土地利用类型的面积发生了很大的变化。

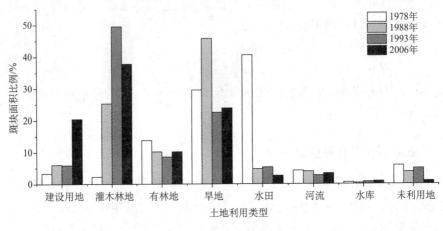

图 8-3　斑块面积比例

　　从图 8-4 中可以看出，整个图最显著的就是 1988 年未利用地的平均斑块面积，1978～1988 年未利用地的斑块较为集中，斑块数量较少，但是斑块面积波动不大，从而 1988 年未利用土地的斑块平均面积很大。1993 年三峡工程修建处于积极准备阶段，未利用地变得零散，斑块数量急剧增加，但是斑块面积的增长幅度不大，从而未利用地的斑块平均面积有了很大幅度的减小。其余各土地利用类型的斑块平均面积每年的变化不明显，基本趋于稳定。

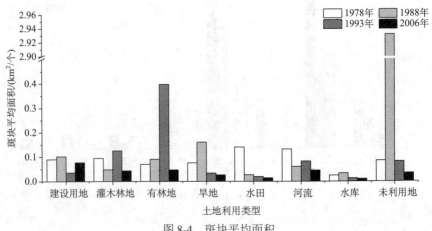

图 8-4　斑块平均面积

　　由图 8-5 可知，水库的景观分离度是最大的，这表明水库在空间上分布很分散。水库的景观分离度在 1988 年尤为突出，这在一定程度上反映了人类活动强度对景观结构的影响很大，另外景观分离度较大也与景观分布格局和面积相关，同时也说明水库的面积对于整个研究区域是微不足道的。其余各土地利用类型的景观分离度较小，表明其他各类用地在空间分布上较为集中。

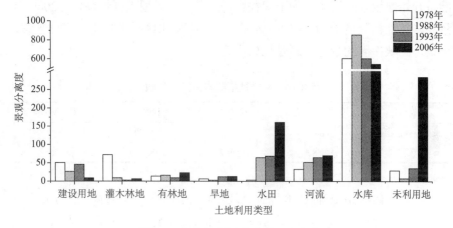

图 8-5　各土地利用类型景观分离度

　　由图 8-6 可以得出，水田、旱地和水库的景观破碎度指数是最高的，表明人类活动干扰强，使得景观异质性加强，景观内部生境面积在减小，各类景观斑块在研究区范围内分布零散，斑块内部生境抵御外部的侵袭干扰能力减弱，从而降低了景观内部的物种抵抗灾害的能力，生态环境遭到

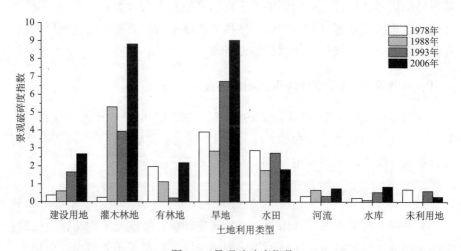

图 8-6　景观破碎度指数

破坏。相对来说，河流、有林地、建设用地和未利用地景观破碎度指数较低，说明这四者分布较集中，各斑块间内部的连通性高，有利于生物的繁殖，有利于生态系统的稳定。

由表 8-16 可知，4 年的景观多样性指数均在 0.6 以上，这说明这 4 年的土地类型多样且比较均匀，1988 年较 1978 年景观多样性指数略有减小，1993 年的景观多样性指数较 1988 年略有下降，这是因为 1993 年三峡工程准备开始建设，区域受人为干扰程度增大，土地类型多样性降低。2006 年景观多样性指数增加为 0.678，区域间景观类型比例趋于平衡。整体来说，重庆市三峡库区的景观多样性比较丰富。

表 8-16　多样性指数与破碎度指数

景观指数	1978 年	1988 年	1993 年	2006 年
景观多样性指数	0.662	0.661	0.650	0.678
景观破碎度指数	10.583	12.387	16.726	26.355

景观破碎度指数都在 10 以上且逐年增加,破碎度指数越大表明土地利用促使景观异质性加强,景观内部生境面积在减小。2006 年景观破碎度指数为 26.355，是 1978 年的两倍,这说明 2006 年重庆三峡库区各土地利用类型分布较为零散,各类景观斑块内部生境抵御外部的侵袭干扰能力减弱,从而降低了景观内部的物种抵抗灾害的能力。自然或人为干扰所导致的景观由单一、均质和连续的整体趋向于复杂、异质和不连续的斑块镶嵌体的过程,景观破碎化是生物多样性丧失的重要原因之一,景观破碎化导致景观内部的连通性降低,从而影响了生物的繁殖,生物种类便会减少。从整体来讲,重庆三峡库区的景观破碎度指数的逐年增加表明研究区域内的景观趋于离散化,抵抗外界干扰的能力减弱。

3. 重庆土地利用/覆盖变化的生态响应特征

根据重庆三峡库区 1978 年、1988 年、1993 年和 2006 年的土地利用、景观格局动态和景观异质性等方面的变化,结合自然、社会和经济等因素,分析重庆三峡库区土地利用/覆盖变化的生态响应特征。

(1)景观变化分析

4 个研究时期内各景观组分之间的转换频繁,特别是旱地与建设用地之间,旱地的斑块数量、斑块面积比例和斑块平均面积不断减少,而建设用地斑块数量、斑块面积比例和斑块平均面积保持一致的上升趋势，这反映了随着三峡工程的建设和三峡移民政策的实施，重庆三峡库区城镇化节奏加快和生态环境恶化的趋势。旱地是较为主要的景观类型，在土地利用中处于核心地位，但旱地面积比例却在不断减少。从旱地的景观破碎度指数中可以得知，旱地的景观破碎度指数表现为增加趋势，这说明土地利用对耕地的分割程度在增强，耕地的连通性降低，从而不利于区域景观生态系统的物质交换和能量流动，在一定程度上降低了景观的稳定性。从生态意义上看，景观破碎度指数的增大导致了旱地的离散化，使得旱地更容易受其他土地利用类型的侵蚀，从而降低物种抵抗灾害的能力，增加了其不稳定性。此外，灌木林地和建设用地的景观破碎度指数增大，说明人类活动对这两类景观干扰很大，生物多样性变差，生态系统的稳定性减弱，其生态响应特征表现为负面影响。

(2) 整体分析

1978～2006 年景观多样性指数不断增大，同时重庆三峡库区总体的景观破碎度指数在增大，说明斑块类型在景观中趋于均匀分布，同时斑块空间结构趋于离散化。随着土地利用朝着多样化、均匀化方向发展，景观内部的单一化和均匀化会降低景观与其他景观类型之间的竞争力，整个区域的斑块空间结构趋于离散化，致使斑块之间的连通度降低，导致生物多样性降低，甚至导致某些生物灭绝，生物多样性的降低会影响整个重庆三峡库区生态系统的稳定性。耕地的锐减，建设用地的增加，三峡工程的修建引起的水域面积的增加，以及人类活动对重庆三峡库区生态环境的干扰，破坏了原始景观生态格局特征，导致了各地类不稳定性增强，生态系统比较脆弱，降低了区域生态系统抵御外界干扰的能力。基于重庆三峡库区土地利用现状，选取 6 个景观指数，对 1978 年、1988 年、1993 年和 2006 年这 4 个年份的土地利用变化对生态环境的影响进行研究分析，结合景观生态学指标的变化，得出的结果如下：斑块密度增大，平均斑块面积减少，部分土地利用类型破碎化指数增加，部分减少，总体上整个区域的景观破碎度增加，说明重庆三峡库区的土地利用类型有向破碎化发展的趋势。政府部门以后的规划开发中，要注意此类动向，避免破坏当地的生态环境。景观多样性指数增大，说明重庆三峡库区的土地利用类型朝着均衡化的方向发展。从景观多样性指数分析总体来看，重庆三峡库区的土地利用/覆盖变化对生态环境的影响是很大的，造成了斑块的分离度增大，使得整个区域用地类型区域离散化，生物多样性减少，生态系统的稳定性降低。

（四）重庆三峡库区土地利用/覆盖变化驱动力因子分析

本章采用 2000～2012 年重庆三峡库区的数据,采用主成分分析法对重庆三峡库区土地利用/覆盖变化的驱动因子进行分析。区域土地利用变化主要受人口、经济、农业集约化、土地利用方式等驱动因素的影响。根据重庆三峡库区的影响因子,建立重庆三峡库区驱动因子变量指标体系,如表 8-17 所示。

表 8-17　土地利用/覆盖变化驱动因子变量指标体系

驱动因子	变量分类	变量指标
社会	人口	户籍人口
		农村人口
		自然增长率
经济	经济发展	国内生产总值
		工业产值
		农业产值
		农民人均收入
	经济结构	第一产业产值比例
		第二产业产值比例
		第三产业产值比例
政策	三峡移民	农村移民安置
		城市县城迁建
		集镇迁建

在探讨重庆三峡库区土地利用/覆盖变化时应该先考虑量纲的问题。各个类别的指标属于不同领域的标量,所以先对这些指标进行无量纲化。采用的公式如下:

$$Y = \frac{x_{ij} - \min(x_{ij})}{\max(x_{ij}) - \min(x_{ij})} \quad (i = 1, 2, \cdots, m; j = 1, 2, \cdots, n) \qquad (8.18)$$

经过这种标准化所得的新数据,各要素的极大值为 1,极小值为 0,其余数值均在 0 与 1 之间。

将无量纲化导入软件 SPSS19.0,利用软件可以得到 Bartlett 检验的结果,结果显示相伴概率 sig 取值都是 0.000,并且小于显著性水平 0.05,表示拒绝各指标变量是独立的假设。

利用 SPSS19.0 进行主成分分析,便在结果中可以得到主成分的特征值、方差贡献率及方差累积贡献率，如表 8-18 所示。

表 8-18 驱动因子特征值及主成分贡献率表

主成分	初始特征值		
	合计	方差贡献率/%	方差累积贡献率/%
1	7.983	61.411	61.411
2	2.735	21.041	82.451
3	1.225	9.425	91.876
4	0.741	5.697	97.574
5	0.163	1.254	98.828
6	0.126	0.966	99.794
7	0.020	0.155	99.949
8	0.003	0.023	99.972
9	0.002	0.017	99.989
10	0.001	0.008	99.997
11	0.000	0.003	100.000
12	6.472×10^{-7}	4.979×10^{-6}	100.000
13	1.184×10^{-16}	9.108×10^{-16}	100.000

根据主成分的特点：特征值大于 1，并且方差累计贡献率达到 75%，根据这个要求，从表 8-18 中可以看出，前 3 个主成分的特征值均大于 1，并且其中第 3 个主成分方差累计贡献率为 91.876%，已经远远大于了 75%，这 3 个主成分已经能够解释原始变量的全部信息。得出了 3 个主成分，但是并不能确定具体是哪个指标的影响较大，因此，还要对各指标确定权重。

由表 8-19 可以看出，第 1 个主成分与农村人口、国内生产总值、工业产值、农业产值、农民人均收入呈现较强的正相关，与第一产业产值比例呈现较强的负相关，第 2 个主成分与城市县城迁建呈现出较强的正相关，与自然增长率呈现出较强的负相关，第 3 个主成分与第二产业产值比例呈现出较强的负相关。

表 8-19 各项指标主成分载荷

指标	主成分		
	1	2	3
户籍人口	0.567	−0.244	−0.221
农村人口	0.980	−0.141	−0.066
自然增长率	0.275	−0.815	0.26

续表

指标	主成分		
	1	2	3
国内生产总值	0.985	−0.105	−0.081
工业产值	0.983	−0.075	−0.123
农业产值	0.984	0.024	−0.070
农民人均收入	0.980	−0.101	−0.065
第一产业产值比例	−0.877	0.430	−0.002
第二产业产值比例	0.615	0.204	−0.707
第三产业产值比例	0.512	−0.637	0.538
农村移民安置	0.733	0.622	0.261
城市县城迁建	0.610	0.714	0.335
集镇迁建	0.665	0.660	0.322

　　要获知各个指标的重要性程度，则需要确定各个指标的权重。由 SPSS 可以得到各主成分的得分，将数据导入到 Excel 中进行计算，得到各个指标的综合权重，如表 8-20 和表 8-21 所示。

表 8-20　重庆三峡库区各指标的主成分得分

指标	主成分得分		
户籍人口	0.0214	0.3354	−0.3998
农村人口	0.3024	0.2858	−0.2637
自然增长率	0.4342	−0.1687	0.2137
国内生产总值	0.9422	−0.2778	−0.2643
工业产值	1.0943	−0.2255	−0.3056
农业产值	1.5818	−1.0459	0.3906
农民人均收入	2.0795	−1.3850	0.3409
第一产业产值比例	2.3819	−0.6563	−0.3266
第二产业产值比例	3.1122	−0.7263	−0.7249
第三产业产值比例	3.8383	−1.7840	0.1381
农村移民安置	4.7226	−1.2056	−0.4217
城市县城迁建	6.2329	−1.3833	−0.6045
集镇迁建	8.4435	0.8836	0.1024

表 8-21 各指标的综合权重

指标	综合权重
户籍人口	0.0023
农村人口	0.0111
自然增长率	0.0127
国内生产总值	0.0249
工业产值	0.0300
农业产值	0.0397
农民人均收入	0.0512
第一产业产值比例	0.0651
第二产业产值比例	0.0851
第三产业产值比例	0.1004
农村移民安置	0.1313
城市县城迁建	0.1752
集镇迁建	0.2709

由表 8-21 可知，综合权重大于 0.1 的有第三产业产值比例、农村移民安置、城市县城迁建、集镇迁建，其中最大的属于集镇迁建。综合权重最小的是户籍人口这个指标，说明户籍人口对于重庆三峡库区土地利用/覆盖变化的影响不大。农村移民安置、城市县城迁建、集镇迁建这 3 个指标都属于政策因素，这 3 个指标的综合权重总和达到了 0.5774，所占比例达到了一半以上，说明 2000～2012 年重庆三峡库区最大的影响因子就是政策，而近些年重庆三峡库区最主要的政策就是百万移民，这说明主成分分析出来的结果和实际较为相符合。从表 8-21 中也可以看出，影响重庆三峡库区土地利用/覆盖变化因子的影响程度为政策因素>经济因素>社会因素。下面就这 3 个方面进行分析。

a) 政策因素。政策因素对重庆三峡库区土地利用/覆盖变化的影响是巨大的，它通过引导社会的经济生产活动来影响土地利用的方式和强度。重庆三峡库区是我国开发历史悠久的地区，土地利用/覆盖在很大的程度上受到了人类活动的影响。随着三峡水利枢纽工程的建设、工程蓄水及大规模移民安置，重庆三峡库区的土地利用发生了显著变化。2000～2012 年对重庆三峡库区影响最大的政策因素就是三峡工程的建设和三峡移民。1994 年三峡工程开始修建，围堰填筑、导流明渠开挖、修筑混凝土纵向围堰等使水库、河流的面积发生了很大的改变，水资源的分布也发生了较大的转变，同时三峡工程的修建对建设用地面积的需求增加，占用了大量其他用地，致使其他用地类型转换为建设用地面积增加，土地利用格局发生变化。20世纪90年代中期，国家加大退耕还林还草力度，重庆市实施了"青山绿水工程"，这些宏观经济政策和措施使重庆三峡库区的建设用地在大幅度增长的同时，最大限度地保护了耕地和林地，起到了积极的作用。90年代中期以后是三峡工程最紧张的5年，大坝合龙、大江截流、移民安置和城镇搬迁不同程度地造成了耕地面积的减少。随着三峡工程的修建，三峡移民政策也开始相继实施。随着移民工作的不断深入，重庆三峡库区人多地少，安置环境容量不足的问题越来越突出，通过开垦荒地、坡地改梯地、调整责任田、工程防护等多种措施来增加用地，使土地利用类型间转化频繁。三峡工程的修建和百万移民的安置使重庆三峡库区移民安置区的耕地紧张和耕地减少(特别是区位占优的耕地)，这在一定程度上是不可避免的。水库淹没使重庆三峡库区的土地资源，尤其是耕地资源大量缩减，而移民的搬迁安置，以及城镇、企业迁建和专业设施的复建，又要占用大量土地。

　　b)经济因素。经济因素是自然生物、制度和技术等因素综合作用的结果，它通过供给和需求形成目前的土地利用格局(邵景安等，2007)。从主成分分析法得到的结果可以看出，三大产业对于土地利用/覆盖变化的影响程度不同，从大到小依次为第三产业、第二产业、第一产业，这从某种程度上讲，重庆三峡库区的经济结构发生了很大的改变，由早期的农耕变成了现在的以第三产业为主导。2000～2012年重庆三峡库区的GDP从10189679万增加到80951938万，增长幅度为694.45%，经济发展必然伴随着建设用地的扩张。早期的重庆三峡库区是以农业为主，第二产业、第三产业相当落后，就指望耕地，不断地伐林毁草，开辟土地用于耕作提高经济收入，从而造成重庆三峡库区耕地面积增加，其他土地利用类型向耕地转化。80年代随着经济的发展，人们意识到土地耕作不是提高收入的唯一手段，土地利用方式开始趋于多样化，从而建设用地和交通用地面积开始增加。21世纪随着第三产业的蓬勃发展，经济发展发生了很大的转型，造成了建设用地、交通用地、基础设施建设用地的增加。随着重庆三峡库区人民收入的增加，摆脱了靠天吃饭的状况，对耕地的依赖度降低，耕地的数量趋于稳定，其他用地向耕地的转化速度也变得缓慢。与此同时，重庆三峡库区人民对其他产业的投入增加，消费模式的改变导致工厂等用地增加。经济发展促使发展理念发生变化，由牺牲环境发展经济的粗放发展模式变成了与环境和谐发展，这将使有林地和灌木林地的数量趋于平衡或缓慢增加。重庆三峡库区现在多以旅游业为主，以低能耗、高收入的经济发展方式带动区域经济的发展，使各类用地之间的转化速率减小。总的来说，经济类型与地区的土地利用/覆盖变化息息相关。

　　c)社会因素。人口是区域人地关系中的主导性因素，一切土地利用实践均由人的行为所致。人口对土地利用/覆盖变化的作用主要表现在人口的增加或减少导致的对吃、穿、住、行的需求变化上。人口不断增加一直是区域可持续发展过程中面临的主要压力之一，在人口密度高、人均耕地少的重庆三峡库区则更加突出(邵怀勇等，2008)。20 世纪 50～60 年代，重庆三峡库区人口增长迅速，粮食需求量增加，为了解决温饱问题，大量地砍伐森林、开垦荒地来增加耕地的数量，获得更多的粮食。70～80 年代，重庆三峡库区人口不断增长，大量平坦易开垦的土地早已被开发完毕，可供开垦的土地越来越少，致使人们进行陡坡的开垦来增加耕地的数量，由于开垦难度较大，耕地的增速较慢。80 年代至 2000 年，三峡工程建设和三峡移民的进行，伴随着庞大的人口，建设用地的需求量增加，大量耕地被占用，变成了建设用地和居民用地。2000～2012 年重庆三峡库区的户籍人口从 1801.42 万增长到了 1968.12 万，增长了 166.7 万，其中非农业人口总数增长了 400 多万，这说明农业人口数量在下降，多向第二产业、第三产业转移，耕地的需求量在减少。庞大的人口增加了移民安置的难度，使得建设用地面积、交通用地面积、基础设施面积的需求量增加，土地利用发生了显著的变化。

　　基于 2000～2012 年重庆三峡库区的统计数据,应用主成分分析法对影响重庆三峡库区土地利用/覆盖变化的驱动因子进行了分析,结果表明政策类因子对重庆三峡库区土地利用/覆盖变化的影响最大，其次为经济类因子和人口类因子。三峡工程建设和三峡移民政策的实施使得大量的其他用地转变为建设用地，经济结构的转型使耕地的面积不再增加，但是对建设用地的需求并没有减少，人口数量的增加对重庆三峡库区土地造成了巨大的压力，建设用地、交通用地、基础设施用地面积的需求量增加。

(五)本 章 小 结

　　本章以重庆三峡库区为例，首先对 1978 年、1988 年、1993 年和 2006 年这 4 年的数据进行时空变化分析，然后基于 ArcGIS 技术和马尔可夫模型对未来土地进行预测，最后用主成分分析法明确土地利用变化驱动因子。得到的结论如下。

　　a)通过对重庆三峡库区土地利用/覆盖变化格局进行研究可以得出，重庆三峡库区土地利用/覆盖变化十分明显,各土地利用类型间的相互转换很频繁。采用单一土地利用动态度和综合土地利用动态度从数量上和空间上对重庆三峡库区土地利用/覆盖变化空间格局进行了研究,结果表明在研究时段内重庆三峡库区的土地都处于不太平衡的状态,各类土地利用类型间的相互转化较为频繁。土地利用程度的研究采用刘纪远等提出的一套新的数量化土地利用程度分析方法,结果表明重庆三峡库区的土地利用程度高。

b) 应用马尔可夫预测法对重庆三峡库区土地利用类型变化进行预测,研究结果表明,2019~2045 年建设用地依然呈现增长趋势,其他类型用地变化幅度不大;相对来说灌木林地是整个研究区转移概率最大的,有下降趋势;旱地和有林地的转移概率也比较大。

c) 基于重庆三峡库区的土地利用现状,应用了景观生态学指标体系对重庆三峡库区生态响应进行研究分析,得出的结果如下:斑块密度增大,斑块平均面积减小,部分土地利用类型景观破碎度指数增大,部分减小,总体上整个区域的景观破碎度指数增大,说明重庆三峡库区的土地利用类型有向破碎化发展的趋势。景观多样性指数增大,说明重庆三峡库区的土地利用类型朝着均衡化的方向发展。从景观指数分析总体来看,重庆三峡库区的土地利用/覆盖变化对生态环境的影响较大,造成了景观分离度增大,使得整个区域用地类型区域离散化,生物多样性减少,生态系统的稳定性降低。

d) 基于 2000~2012 年重庆三峡库区的统计数据,应用主成分分析法对影响重庆三峡库区土地利用/覆盖变化的驱动因子进行了分析,结果表明政策类因子对重庆三峡库区土地利用/覆盖变化的影响最大,其次为经济类因子和人口类因子。三峡工程建设和三峡移民政策的实施使得大量其他用地转变为建设用地,经济结构的转型使耕地面积不再增加,但是对建设用地的需求并没有减少,人口数量的增加对重庆三峡库区土地造成了巨大的压力,建设用地、交通用地、基础设施用地面积的需求量增加。

第九章　重庆三峡库区后续发展生态系统服务价值评估——以忠县为例[*]

随着库区蓄水和移民搬迁，三峡库区已经成为较脆弱的生态地区，在土地利用方面表现出了明显的地域性。而土地利用的变化必然会带来生态环境的变化，在受人类活动直接影响的同时又反作用于人类活动。忠县是三峡库区的腹心地带，有着独特的地理位置和代表性的自然地貌，从自然环境与社会基础方面考虑，选取忠县进行研究，对重庆三峡库区的研究有着重要意义，所以本章选取忠县作为研究对象，在定量分析土地利用动态格局演变的基础上，对生态系统服务价值进行评估，以期为重庆三峡库区后续的可持续发展提供参考。

（一）研究区域概况

1. 自然环境状况

忠县位于重庆市中部长江北岸，地理位置为30°03′03″～30°35′35″N，107°32′42″～108°14′00″E。县域东邻万州区和石柱县，西连垫江县，南与丰都县接壤，北与梁平区交界，东西长 66.45km，南北宽 60.15km，面积为 2187km²，共有 332 个村和 31 个居委会，以汉族为主，有土家族、回族、苗族等少数民族。

忠县在地貌上属于川东褶皱带平行岭谷区，由金华山、方斗山、猫耳山 3 个背斜，以及拔山、忠州两个向斜构成，境内低山起伏，溪河纵横交错，最

---

　　* 本章部分内容引自：谭静，官冬杰，虎帅. 2017. 重庆三峡库区土地利用时空转型及其生态环境响应研究. 资源开发与市场，33(3)：311-315.

高海拔为 1680m，最低海拔为 117m，地形以丘陵为主，是典型的丘陵县。

忠县地处暖湿亚热带东南季风区，温热寒凉，四季分明，雨量充沛，日照充足，年降水量为 1200mm，相对湿度为 80%，属于亚热带东南季风区山地气候。

忠县县域内水资源丰富，人均水资源拥有量约为 2600m³，长江自西向东横穿忠县，长江干流在忠县境内流程 88km，境内共有 28 条溪河汇入长江。水资源总量为 12.757 亿 m³，其中地表水 11.484 亿 m³；地下水储量 3.593 亿 m³/a，可利用量 0.94 m³/a；过境水可利用量 0.333 亿 m³；人均占有量 1299 m³。

忠县动植物种类丰富，分布的植物有 718 种，隶属 161 科、427 属。其中蕨类植物 28 种，裸子植物 28 种，被子植物 662 种；有珍稀古树 30 种、1800 余株，隶属 19 科、28 属、28 种。其中属于国家重点保护的珍稀树种有 8 种、550 余株；有国家保护动物 12 种，另有皮毛动物 17 种，鸟类 40 余种。

2. 社会经济状况

1) 人口方面

根据忠县统计局资料统计，2015 年忠县户籍总人口为 100.46 万人，其中非农业人口为 23.64 万人，总户数为 34.94 万户。2013 年县域发展区及特色生态工业园区人口占全县人口的 29%，生态涵养旅游发展区人口占 25.2%，农产品生产区人口比重为 45.8%，忠县区域内从事农业活动的人口较多。忠州镇人口最为密集，为 15.35 万人，占整个忠县人口的 15.20%。目前忠县人口增长趋势明显，作为典型的大城市大农村的地域结构，农业人口所占比重大，劳动力资源丰富，总劳动力数量较大，但人口主要向经济发达的乡镇集中，造成人口集聚，城市问题爆发，其余乡镇人口密度小，劳动力分布不均衡。

2) 社会经济方面

忠县境内大力推广柑橘产业，粮食、柑橘、茶叶等是其主要的经济作物，也是第一产业的主要经济来源。忠县的工业主要以机械制造、能源化工、建筑建材为代表。第三产业在整个忠县的 GDP 中所占比重最大，加之忠县大力发展水上运输业及旅游业，第三产业稳健发展。2014 年忠县 GDP 为 208.26 亿元，比 2013 年增长了 14.0%，其中第一产业为 31.26 亿元，比 2013 年增长了 2.8%；第二产业为 108.23 亿元，比 2013 年增长了 21.5%；第三产业为 68.78 亿元，比 2013 年增长了 8.9%。2015 年实现地区生产总值 222.4 亿元，实现工业总产值 81.52 亿元。完成固定资产投资 262.1 亿元，五年累计完成 926.9 亿元，是"十一五"时期的三倍。忠县境内各乡镇经济发展不平衡，其中忠州镇作为忠县的经济龙头，发展最为迅速，各大乡镇之间的经济发展差距较大。

(二)忠县土地利用空间格局及动态演化规律研究

忠县独特的地理位置及其地质条件决定了其在重庆三峡库区中的特殊地位，忠县土地利用变化情况，土地利用方式是否合理决定着重庆三峡库区是否稳定，因此，对忠县土地利用变化格局及其动态演变规律进行分析十分有必要，同时了解土地利用变化的特点，能够更好地提出科学的决策为重庆三峡库区的生态安全保驾护航。本章主要从忠县土地利用转移变化、土地利用动态变化及土地利用空间变化 3 个方面对忠县土地利用变化格局演变规律进行探讨。采用转移矩阵模型剖析各类型土地之间的转化情况，了解在不同的社会经济背景及政策导向下，各类土地之间的内部转化规律；采用土地利用动态度模型，分析各地类的变化速度；采用重心模型分析各类用地的时空演化趋势及空间分布的均衡性。

1. 土地利用转移变化

1990～2015 年忠县土地利用变化剧烈，为了探讨重庆三峡库区忠县土地利用结构的变化情况，本章采用转移矩阵模型来对忠县土地利用结构内部的转移情况进行探讨。应用 ArcGIS 对忠县 1990～2015 年的数据进行叠加分析，并结合 Excel 中的透视表功能，得到 1990～2000 年、2000～2005 年、2005～2010 年、2010～2015 年、1990～2015 年的转移矩阵(表 9-1～表 9-5)。

表 9-1　1990～2000 年忠县土地利用转移矩阵　　(单位：km^2)

土地利用类型	草地	水域	耕地	建设用地	未利用地	林地
草地	29.3002	0.0073	0.0227	0.5658	0.0001	0.5564
水域	0.0064	58.9021	0.0066	0.0005	0.0007	0.2978
耕地	1.0507	0.4173	992.9842	2.6692	0.0004	3.0721
建设用地	0.0003	0.0004	0.0061	8.5223	0	0.0032
未利用地	0.0001	0.0008	0.0003	0.0001	2.7767	0.0011
林地	0.1803	0.0143	3.1422	0.0043	0	1078.3970

表 9-2　2000～2005 年忠县土地利用转移矩阵　　（单位：km²）

土地利用类型	草地	水域	耕地	建设用地	未利用地	林地
草地	27.5077	1.0146	0	0	0	2.0156
水域	0	59.3419	0.0003	0	0	0
耕地	1.2866	1.3579	961.5275	7.4347	0	24.5556
建设用地	0	0	0	11.7622	0	0
未利用地	0	2.1047	0	0.0004	0.0266	0.6472
林地	0	14.2491	0.0021	6.4460	0	1061.6305

表 9-3　2005～2010 年忠县土地利用转移矩阵　　（单位：km²）

土地利用类型	草地	水域	耕地	建设用地	未利用地	林地
草地	27.8632	0.7203	0	0.2107	0	0
水域	0	78.0101	0.0333	0.0060	0	0.0189
耕地	0.0485	10.8241	903.2237	21.4575	0	25.9761
建设用地	0	1.0595	0.0015	24.5822	0	0
未利用地	0	0.0122	0	0	0.0144	0
林地	0	7.9099	0.0126	8.0417	0	1072.8846

表 9-4　2010～2015 年忠县土地利用转移矩阵　　（单位：km²）

土地利用类型	草地	耕地	建设用地	林地	水域	未利用地
草地	22.7781	2.1919	0.5104	2.0758	0.3455	0
耕地	1.8547	801.0773	21.5328	76.5336	1.8464	0
建设用地	0	0	54.0406	0	0.2387	0
林地	1.2399	51.1905	11.2471	1033.0796	1.4123	0
水域	0.1980	1.4647	0.0532	0.4929	96.2585	0
未利用地	0	0	0.0018	0.0028	0.0026	0.0072

表 9-5　1990～2015 年忠县土地利用转移矩阵　　（单位：km²）

土地利用类型	草地	水域	耕地	建设用地	未利用地	林地
草地	20.7704	1.9867	2.2374	1.1732	0	4.2736
水域	0.0287	58.6947	0.3162	0.0087	0	0.1217
耕地	3.9466	14.2756	801.9813	53.5169	0	125.9994
建设用地	0.0025	0.8926	0.0045	7.6207	0	0.0034
未利用地	0.0000	2.1186	0.0062	0.0018	0.0072	0.6423
林地	1.3225	22.1359	51.3790	25.0646	0	981.1442

1990～2000 年，在三峡库区修建初期，忠县土地内部转化明显，但转移幅度不大，其中变化较为剧烈的是 2.6692 km² 的耕地转化为建设用地，建设用地面积增加明显，主要用于国家基础设施建设及个人住房修建等，林地向耕地转化了 3.1422 km²，耕地向林地转移了 3.0721 km²。三峡工程从 1994 年开始正式施工，在施工的准备阶段对忠县的土地利用未造成较大的影响。从数量上看，各类用地变化幅度不大，但空间上的分布呈现出明显的转移特征。

2000～2005 年，重庆成为直辖市后，其工业化和城镇化快速发展，同时，随着三峡工程的修建及百万移民工程的进行，新增工程项目建设及新增居民点对建设用地的需求量加大，耕地和林地被占用，占用面积分别为 7.4347km² 和 6.4460km²。库区蓄水，水域面积扩大，淹没沿岸的其他地类，从表 9-2 中看出，水域面积增加了 18.7263km²，较 2000 年水域面积增长了 31.56%，其中有 14.2491km² 为林地转化而来，还有部分为草地和耕地转化所得。林地面积有小幅度的增长，主要由耕地转化而来，这是 2000 年以来，国家推进西部大开发战略，对陡坡耕地实施生态退耕的结果，同时也与忠县对环境的治理密切相关。

2005～2010 年，随着忠县社会经济的进步，利用长江水道，修建水运港口等水利设施，对建设用地的需求量进一步加大，建设用地面积较 2005 年增加了 28.6548km²，增加了一倍，其中 21.4575km² 的建设用地是由耕地转化而来，8.0417km² 是占用林地而来。水域与耕地、林地转化频繁，水域面积进一步扩大。较 2005 年而言，水域面积增加了 20.4679km²，面积增加区域多集中在长江沿岸。虽然林地与其他用地之间转化频繁，但其在数量上呈增加趋势。忠县加大对环保项目的投资，森林工程开展；加大对林地的保护，林地面积增加。同时，随着国务院"三峡库区柑橘产业开发项目"的实施，忠县农业产业结构的调整，种植业的兴起，柑橘种植的增加，也促使林地面积增加。2005～2010 年忠县草地和未利用地面积较为稳定。

2010～2015 年，忠县传统农耕经济模式的调整，使得传统的农作物种植业朝着收益更高的柑橘种植业转变，因此，大量耕地向林地转化。忠县经济快速化发展，其境内对建设用地的需求量与日俱增，林地和耕地成了建设用地最主要的来源。2010～2015 年林地和耕地大量转化为建设用地会导致环境恶化，但林地和耕地在大量转出时，又有其他地类转入，内部转化特征明显，各类用地内部转化形成了较为平衡的转化关系，使得整个区域的土地利用均衡化发展，避免了某种土地极端化地增加或减少。

1990～2015 年，草地、未利用地变化幅度较小，建设用地、耕地、水域、林地面积变化明显，各类用地之间转化频繁。随着忠县社会经济的发展及城市化的推进，25 年间忠县建设用地面积扩大了 10 倍，由 1990 年的 8.5223km^2 增加到 87.3859km^2，主要来自于耕地和林地的转化。1990 年建设用地主要集中在忠州镇，受重庆直辖、国家西部大开发战略及三峡水利工程等的影响，忠县在后续发展中逐渐向着其他乡镇转移。耕地和林地之间转化频繁，有 125.9994km^2 的耕地转化为林地，大面积的转化一是因为忠县经济体制改变；二是在三峡水利工程的后续发展中，针对生态环境保护制定了一系列政策，忠县对于生态环境的保护进一步加强，对难以耕种的土地进行退耕还林还草。林地向耕地转化，主要是因为用地需求，是三峡库区的修建、百万移民背景下的人类活动对忠县土地利用的影响结果。水域面积扩大，扩大区域主要集中在水域两岸，随着三峡水利工程的修建，初期导渠疏流，中期明渠截流，建成后的水库蓄水都是忠县水域淹没周围林地和耕地进行水面扩张的主要原因，2000～2010 年水域面积增加的趋势尤为明显。

2. 土地利用动态变化

　　本章对忠县土地利用动态变化进行研究，分析土地利用动态变化方向和变化数量，把握忠县土地利用动态变化情况，旨在科学地反映出忠县土地利用动态变化的现状，为研究未来忠县土地利用变化提供参考。本章采用地理学中的经典方法：土地利用单一动态度指数及土地利用综合动态度指数，深入分析各类用地数量和空间的变化情况，反映各类用地变化的速度及剧烈程度，为忠县土地利用后续发展提供理论依据。

　　土地利用动态度可以定量描述研究区土地利用的变化速度，对预测未来土地利用变化趋势有积极的意义(汤国安和杨昕，2006)。

　　根据第 8 章式(8.2)得出 1990～2015 年忠县各地类土地利用动态度，如表 9-6 所示，可以直观地反映土地利用变化的幅度和速度。

表 9-6　忠县各研究时段单一土地利用动态度　　　（单位：%）

年份	草地	水域	耕地	建设用地	未利用地	林地
1990～2000	0.03	0.02	0.04	3.79	0.00	0.01
2000～2005	−1.14	6.31	−0.70	23.60	−19.81	0.12
2005～2010	−0.61	5.24	−1.21	22.35	−9.19	0.18
2010～2015	−1.32	0.32	−1.05	12.19	−9.92	0.24
1990～2015	−0.58	2.77	−0.58	37.01	−3.99	0.11

1990～2015 年，建设用地的土地利用动态度最大，面积变化剧烈，总的土地利用动态度为 37.01%，建设用地面积增加明显，主要由其他土地利用类型转化而来。未利用地的土地利用动态度最小，未利用地面积朝着规模减小的方向发展，多转出为其他用地，忠县土地利用率高。2000～2015 年忠县耕地的土地利用动态度均为负数，其中 3 期耕地的减少幅度均在整体的减少面积之上。1990～2000 年耕地处于较为平衡的态势，减少幅度较小，但在 2005～2010 年和 2010～2015 年，耕地呈现出不平衡状态，面积减少幅度较大，多被其他用地占用。水域、林地、建设用地土地利用动态度均大于 0，这三种用地的面积呈现递增状态。草地在 1990～2000 年土地利用动态度为 0.03%，在这期间草地面积有小幅度的增长，但 2000～2015 年草地土地利用动态度小于 0，所以总体上草地的土地利用动态度为 −0.58%，人类活动对草地面积影响较大。在 4 个研究时段中，2000～2005 年、2005～2010 年和 2010～2015 年由于国家西部大开发战略的实施，三峡水利工程的修建，以及百万移民工程的进行，忠县土地利用方式受人类活动影响较大，各类用地之间变化剧烈，1990～2000 年处于工程建设的准备阶段，多为围堰填筑，在长江干流附近进行修建，此阶段土地利用变化不明显，各类用地处于较为平衡的状态。

3. 土地利用空间变化

土地利用空间变化采用重心模型进行研究，从空间上揭示各类用地的变化情况及变化趋势，土地利用重心能直观地表现出各研究时段内各类用地重心的空间位置，并能直接反映土地利用类型空间分布的均衡性，是揭示土地资源空间演化规律的有效方法。计算公式为

$$\overline{X} = \sum_{i=1}^{n} X_i Z_i \bigg/ \sum_{i=1}^{n} Z_i$$
$$\overline{Y} = \sum_{i=1}^{n} Y_i Z_i \bigg/ \sum_{i=1}^{n} Z_i \tag{9.1}$$

式中，(X_i, Y_i) 分别为第 i 个单元的几何中心坐标；Z_i 为该单元内某类型用地面积；$(\overline{X}, \overline{Y})$ 为研究区域该类型用地面积重心坐标。重心距离指某一年份重心与后一相邻年份重心之间的直接距离，设第 t 和 $(t+1)$ 年份重心分别为 (X_t, Y_t) 和 (X_{t+1}, Y_{t+1})，则重心距离为

$$D_m = \sqrt{(X_{t+1} - X_t)^2 + (Y_{t+1} - Y_t)^2} \tag{9.2}$$

　　基于 ArcGIS 空间分析功能，计算得到忠县的几何重心，以及 1990 年、2000 年、2005 年、2010 年及 2015 年忠县各类用地重心，1990~2015 年各类用地重心轨迹动态变化图如图 9-1 所示。

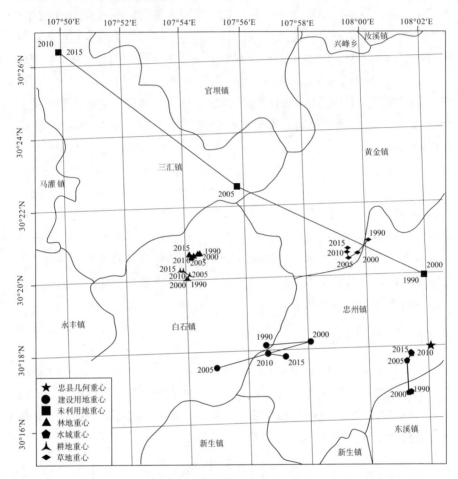

图 9-1　忠县各类用地重心演化

1) 草地

　　草地重心位于忠县中北部区域，处于忠县几何重心的西北方向，整体上呈现出 "V" 形的变化趋势，用地重心由忠州镇迁移到黄金镇。1990 年草地重心位于忠州镇内，2000 年草地重心位于 1990 年草地重心的西南方向，移动距离为 921.06m，2005 年较 2000 年草地重心继续向西南移动 539.17m，2010 年向北偏西方向移动 332.36m，2015 年向北移动 180.31m。忠县草地重心较为集中，表明草地与其他各类用地之间的转入与转出较为均衡，但草地多分布在忠县的中部与北部区域，忠县草地生态用地空间分布较为均匀。

2) 水域

水域用地重心整体上向北移动，25 年间移动强度较小，5 期水域用地重心均处于忠县几何重心的西南范围内，但 1990 年和 2000 年水域重心处于东溪镇，2005 年、2010 年和 2015 年水域重心坐落于忠州镇。1990 年和 2000 年水域重心移动不明显，只移动了 158.66m，2005 年水域重心移动距离最大，向正北方向移动了 1628.86m，2005 年水域面积增加多集中在忠县北部与东北部区域，2010 年水域用地重心向东北方向移动了 448.83m，2015 年水域重心向西北方向移动了 84.85m，2010～2015 年忠县水域在空间上的分布无明显变化。忠县境内水域主要是指长江干流及其他水域用地，长江水域地处于忠县的东南部区域，作为忠州镇与东溪镇行政边界的自然划分线，1990 年和 2000 年忠县水域向东溪镇沿岸扩张的面积比忠州镇沿岸大，而工程建设中的引流使得 2005 年和 2010 年忠县其他非东南部区域水域面积增加幅度较大，重心北移，2015 年水域受工程的影响不大，重心移动幅度较小。1990～2015 年水域重心处于忠县境内长江水域的中部区域，水域上游、中游、下游面积变动小，空间分布均衡。

3) 耕地

1990 年耕地重心位于忠县几何重心的西北方向，2000 年的耕地重心向正西方向移动了 57.87m，2005 年向北偏东方向移动了 218.57m，2010 年移动距离最大，向西北方向移动了 380.85m，2015 年向西移动了 188.40m。总的来说，忠县耕地重心向西北移动，但移动距离较小。忠县耕地面积在数量上有逐年递减的态势，但其在空间上的变化较为均衡，耕地的减少并不是在某一个区域大幅度地减少，而是在忠县整个空间布局中均衡地减少，使得忠县耕地重心移动幅度不大，空间分布均衡稳定。

4) 建设用地

1990～2015 年建设用地重心整体上的变化轨迹呈现出两个斜 "V" 形，重心向东南方向移动，重心迁移距离较大，其中 1990 年、2005 年的建设用地重心处于白石镇境内，2000 年、2010 年和 2015 年建设用地重心则处于忠州镇境内，并且 2000 年、2005 年和 2010 年的建设用地重心在一条直线上移动。1990 年建设用地重心处于忠县几何重心的偏西方向，2000 年建设用地重心较 1990 年向东偏北方向迁移了 2362.84m，2005 年向西南方向迁移了 5109.09m，2010 年建设用地重心向反方向——东北方向移动，移动距离为 2894.32m，2015 年向西偏北方向移动，移动距离为 974.32m。忠县境内建设用地多集中在长江干流附近乡镇，如忠州镇、乌杨镇、新生镇等，

1990～2000 年三峡水利工程修建初期在长江干流兴建设施用地，加之相应的工业兴起，新增建设用地主要分布在长江沿线区域，虽然忠县有新增建设用地，但其增幅小于长江沿岸建设用地的扩张，使得用地重心向水域方向移动。2000 年以后，随着三峡水利工程的修建，库区截流，库区水位线上升，加之忠县加大对"百万移民"政策的实施，水位线以下的居民必须进行搬迁安置，新增居民点朝着背离水域的方向迁移，同时对已经空置的居民点进行整改，转化为其他土地利用类型，两岸新增居民点减少，忠县西南部区域建设用地增加，建设用地重心向西南方向迁移。2005～2010 年随着忠县城市化进程的加快，长江沿岸生态工程建设，库区周围生态环境得以优化，加之水库蓄水带来了许多商机，忠县人口和产业不断向城镇集中，城镇集群效应加强，长江沿岸建设用地扩张，城乡生活用地重心向库区方向偏移。增加的建设用地多集中在忠州镇、乌杨镇和黄金镇，其中忠州镇是忠县的行政中心，地处长江沿线，其巨大的社会经济优势加剧了产业与人口的集中，建设用地的增加成为忠州镇的必然发展趋势。2010～2015 年建设用地朝着东南方向移动，表明忠县东南区域建设用地增加的面积较忠县其他区域多，东南部区域的乌杨镇是忠县的工业大镇，交通便利，拥有海螺千万吨的码头，成了水运枢纽，加之忠县移民生态工业园在此落户，移民安置点的增加，建设用地面积必然增加。整体上看，1990～2015 年忠县建设用地重心变化受忠县政策影响较大。

5）未利用地

未利用地重心变化最为显著，1990 年未利用地重心位于忠县几何重心的北偏西方向，2000 年未利用地重心未发生明显变化，2005 年较 2000 年而言，未利用地重心向西北方向偏移 10865.55m，2010 年继续向西北方向偏移 11764.08m，2015 年较 2010 年向西北方向偏移，偏移距离小。1990年和 2000 年正处于三峡库区开始修建的前期阶段，对未利用地开发占用不明显，2000 年以后水库截流蓄水，地处于长江沿岸的未利用地转化为水域用地，加之忠县社会经济发展，人口、企业向忠州镇等长江沿岸乡镇流动，土地利用开发强度高、利用率高，忠县东南部未利用地面积几乎为零，只有在忠县西北部高海拔、坡度陡峭的山区有小面积的未利用地，因此，未利用地重心向西北方向偏移。未利用地重心变化趋势表明未利用地在空间上的不均衡性呈现出先加强后缓和的趋势，未利用地主要分布在忠县西北部难以开发利用的区域。

6）林地

林地重心变化最小，集中在白石镇的东北角，处于忠县几何重心的西北方向。2000年林地重心较1990年移动了51.40m,2005年移动了198.24m,2010年移动了134.69m,2015年向西北方向移动了159.11m。5期林地用地重心集中，处于忠县的中部区域，表明林地在整个忠县空间布局上变动不明显，转出与转入较为均衡，三峡工程的修建对忠县境内林地的分布影响不显著，忠县政府重视环境保护，对林地进行了大力监管，25年间林地分布均衡。林地重心的空间位置也与忠县境内"三山两槽"的地形相关，三山将忠县均分，实现了林地的均匀分布，同时，忠县林地主要集中在金华山、猫耳山及方斗山等忠县高海拔地区，土地利用难度大，高海拔坡度陡的地势有利于忠县林地的保护。

(三)生态系统服务价值评估

本章通过改进的中国生态系统单位面积生态系统服务价值当量因子表计算忠县的生态系统服务价值量，并对其进行敏感性分析，在此基础上进一步对生态系统服务的变化进行分析。

1. 生态系统服务价值测算

本章主要参考谢高地提出的中国生态系统单位面积生态系统服务价值当量因子表(李洪远等，2006；谢高地等，2008)，并结合三峡库区忠县段的实际特征进行修正，来测算忠县的生态系统服务价值。

生态系统服务功能价值计算的相关公式如下：

$$E_a = 1\Big/7\sum_{i=1}^{n}\frac{m_i p_i q_i}{M} \tag{9.3}$$

式中，E_a为单位农田生态系统提供粮食生产服务功能的经济价值(元/hm^2)；i为作物种类；p_i为i种粮食作物全国平均价(元/kg)；q_i为i种粮食作物单(kg/hm^2)；m_i为i种粮食作物面积(hm^2)；M为粮食作物总面积。

$$E_{ij} = f_{ij}E_a \tag{9.4}$$

式中，E_{ij}为第i种生态系统j种生态系统服务功能的单位价值；f_{ij}为第i种生态系统j种生态系统服务功能相对于农田生态系统单位面积食物生产服务的经济价值；i为生态系统类型；j为生态系统服务类型。

根据忠县的土地利用类型，结合中国陆地生态系统单位面积生态系统服务价值当量因子，对部分生态系统价值当量因子进行修正，包括建设用地和未利用地的价值当量取荒漠的价值当量，水域的价值当量取水体和湿地价值当量的均值，其他土地利用类型保持不变，得到忠县 1990～2010年陆地生态系统单位面积生态系统服务价值当量表，如表 9-7 所示。

表 9-7　忠县陆地生态系统单位面积生态系统服务价值当量

二级类型	林地	草地	耕地	水域	建设用地	未利用地
气体调节	4.32	1.50	0.72	0.51	0.06	0.06
气候调节	4.07	1.56	0.97	2.06	0.13	0.13
水源涵养	4.09	1.52	0.77	18.77	0.07	0.07
土壤形成与保护	4.02	2.24	1.47	0.41	0.17	0.17
废物处理	1.72	1.32	1.39	14.85	0.26	0.26
生物多样性保护	4.51	1.87	1.02	3.43	0.4	0.4
食物生产	0.33	0.43	1.00	0.53	0.02	0.02
原材料	2.98	0.36	0.39	0.35	0.04	0.04
娱乐文化	2.08	0.87	0.17	4.44	0.24	0.24

忠县主要粮食作物为稻谷、玉米和小麦。2010 年忠县的稻谷、玉米和小麦的播种面积分别为 27852hm²、9333hm² 和 10325hm²，单位面积产量分别为 7.73t/hm²、3.59t/hm² 和 5.65t/hm²，全国平均粮食价格为 2360 元/t、1980元/t 和 1872 元/t，根据式(9.3)计算出忠县耕地自然粮食产量的经济价值为 1209.07 元/hm²，结合式(9.4)和表 9-7 计算得到其他生态系统单位面积生态系统服务价值，见表 9-8。

表 9-8　忠县不同土地利用类型单位面积生态系统服务价值　（单位：元）

二级类型	林地	草地	耕地	水域	建设用地	未利用地
气体调节	5223.17	1813.60	870.53	616.62	72.54	72.54
气候调节	4920.90	1886.14	1172.80	2490.68	157.18	157.18
水源涵养	4945.08	1837.78	930.98	22694.19	84.63	84.63
土壤形成与保护	4860.45	2708.31	1777.33	495.72	205.54	205.54
废物处理	2079.60	1595.97	1680.60	17954.65	314.36	314.36
生物多样性保护	5452.89	2260.96	1233.25	4147.10	483.63	483.63
食物生产	398.99	519.90	1209.07	640.81	24.18	24.18
原材料	3603.02	435.26	471.54	423.17	48.36	48.36
娱乐文化	2514.86	1051.89	205.54	5368.26	290.18	290.18

各生态系统服务价值按照以下公式估算：

$$\text{ESV} = \sum_{i=1}^{n} A_i C_i \tag{9.5}$$

式中，ESV 为生态系统服务价值量(元)；A_i 为研究区第 i 种土地利用类型的面积(hm²)；C_i 为第 i 种土地利用类型的单位面积生态系统服务价值(元/hm²)，i=1，2，…，n，是土地利用类型。通过计算得出 1990～2010 年忠县生态系统服务价值，如表 9-9。

表 9-9　1990～2010 年忠县生态系统服务价值变化表

项目	林地	草地	耕地	水域	建设用地	未利用地	总计
1990 年/10⁶ 元	3674.29	42.82	968.19	340.10	1.42	0.48	5027.30
2000 年/10⁶ 元	3675.80	43.00	951.08	340.27	1.96	0.48	5012.59
2005 年/10⁶ 元	3697.64	40.44	918.18	443.28	4.29	0.00	5103.83
2010 年/10⁶ 元	3732.74	39.20	862.27	555.64	9.10	0.00	5198.95
2015 年/10⁶ 元	3781.31	36.79	817.55	548.88	14.69	0.00	5199.22
1990～2000 年/10⁶ 元	1.51	0.18	−17.11	0.17	0.54	0.00	−14.71
变化率/%	0.04	0.42	−1.77	0.05	38.03	0.00	−0.29
2000～2005 年/10⁶ 元	21.84	−2.56	−32.90	103.01	2.33	−0.48	91.24
变化率/%	0.59	−5.95	−3.46	30.27	118.88	−100	1.82
2005～2010 年/10⁶ 元	35.10	−1.24	−55.91	112.36	4.81	0.00	95.12
变化率/%	0.95	−3.07	−6.09	25.35	112.12	0.00	1.86
2010～2015 年/10⁶ 元	48.57	−2.41	−44.72	−6.76	−5.59	0.00	0.27
变化率/%	1.30	−6.15	−5.19	−1.22	61.43	0.00	0.01
1990～2015 年/10⁶ 元	107.02	−6.03	−150.64	208.78	13.27	−0.48	171.92
变化率/%	2.91	−14.08	−15.56	61.39	934.51	−100	3.42
趋势	↑	↓	↓	↑	↑	↓	↑

由表 9-10 可知，忠县 1990 年、2000 年、2005 年、2010 年和 2015 年的生态系统服务价值总量分别为 5027.30×10⁶ 元、5012.59×10⁶ 元、5103.83×10⁶ 元、5198.95×10⁶ 元和 5199.22×10⁶ 元。25 年来，生态系统服务价值总量处于先减少后不断增长的状态，2015 年的生态值是 1990 年的 1.03 倍，生态系统的服务功能是不断提高的。1990～2015 年生态系统服务价值增加了 171.92×10⁶ 元，增长率为 3.42%。

2. 生态系统服务赋值的敏感性分析

为验证单位面积生态系统服务价值的准确性对生态系统服务价值评估

的影响，引入生态系统价值敏感性指数(coefficient of sensitivity，CS)来确定生态系统服务随时间变化对 C_i 变化的依赖程度。

CS 计算如下式(王希义等，2017)：

$$CS = \left| \frac{(ESV_j - ESV_i)/ESV_i}{(C_{jk} - C_{ik})/C_{ik}} \right| \tag{9.6}$$

式中，ESV 和 C_i 分别为生态系统服务价值量(元)和第 i 种土地类型的单位面积生态系统服务价值(元/hm²)； i 和 j 分别为初始价值和生态价值系数调整以后的价值； k 为土地利用类型。

当 CS<1 时，表明生态系统价值缺乏弹性；当 CS>1 时，表明生态系统价值是有弹性的。CS 值越大，表明生态系统服务价值相对于价值系数是有弹性的，同时也说明生态系统价值系数的准确性对生态系统服务价值评估很重要。将各种土地利用类型的单位面积生态系统服务价值各自上下调整50%来计算生态系统服务价值，计算结果如表 9-10 所示。

表 9-10　生态系统服务价值敏感度

土地利用类型	C_i 调整	生态系统服务价值/10⁶ 元					CS				
		1990 年	2000 年	2005 年	2010 年	2015 年	1990 年	2000 年	2005 年	2010 年	2015 年
林地	C_i+50%	6850.99	6850.49	6952.66	7065.33	7089.88	0.7328	0.7333	0.7245	0.7180	0.7273
	C_i−50%	3176.70	3174.69	3255.02	3332.58	3308.57					
草地	C_i+50%	5035.25	5034.09	5124.06	5218.55	5217.62	0.0085	0.0086	0.0079	0.0075	0.0071
	C_i−50%	4992.44	4991.09	5083.62	5179.36	5180.83					
耕地	C_i+50%	5491.21	5488.13	5562.93	5630.09	5608.00	0.1904	0.1897	0.1799	0.1659	0.1572
	C_i−50%	4536.47	4537.05	4644.75	4767.82	4790.45					
水域	C_i+50%	5183.89	5182.72	5325.48	5476.77	5473.66	0.0678	0.0679	0.0869	0.1069	0.1056
	C_i−50%	4843.79	4842.45	4882.20	4921.13	4924.78					
建设用地	C_i+50%	5014.55	5013.57	5105.99	5203.51	5206.57	0.0003	0.0004	0.0008	0.0018	0.0028
	C_i−50%	5013.13	5011.61	5101.69	5194.40	5191.88					
未利用地	C_i+50%	5014.08	5012.83	5103.84	5198.96	5199.22	0.0001	0.0001	0.0000	0.0000	0.0000
	C_i−50%	5013.60	5012.35	5103.84	5198.95	5199.22					

由表 9-10 可以看出，1990 年、2000 年、2005 年、2010 年和 2015 年的敏感性指数大小依次为林地>耕地>水域>草地>建设用地>未利用地，并且敏感性指数均小于 1，表明土地利用类型单位面积生态系统服务价值的大小对区域内总生态系统服务价值变化影响不大，区域内生态系统服务价值总量的变化相对于 C_i 是稳定的，单位面积生态系统服务价值的取值是可信的。

3. 生态系统服务价值的变化分析

(1)各土地利用类型生态系统服务价值的时间尺度变化

生态系统服务价值总量的变化是由各土地利用/覆被子生态系统服务价值相互影响、相互作用的结果，图 9-2 是忠县各土地类型生态系统服务价值在时间尺度上的变化。

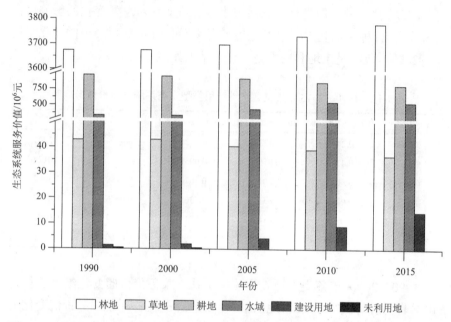

图 9-2　1990 年、2000 年、2005 年、2010 年、2015 年忠县各土地类型子生态系统服务价值

由图 9-2 可以看出，1990～2015 年林地和水域生态系统服务价值增加，分别由研究期初的 3674.29×10^6 元和 340.10×10^6 元，增加到研究期末的 3781.31×10^6 元和 548.88×10^6 元，这期间增加较平缓，而耕地和草地的生态系统服务价值呈减少趋势，25 年内分别减少 150.64×10^6 元和 6.03×10^6 元，其减少率分别达到 15.56%和 14.08%，建设用地和未利用地的生态值在各时点的生态系统服务价值，以及在研究期间的生态值变化相对于林地、耕地而言都很小。其中建设用地在 2005～2015 年急剧增长，而未利用地急剧下降。

(2)各土地利用类型生态系统服务价值变化对总量变化的影响

针对忠县的具体情况，选用生态系统服务价值影响度指标来量化研究在确定时段，具体空间上，某种土地利用类型生态系统服务价值变化对总量变化的影响程度，找出整个生态系统中能主导生态总值变化趋势的土地类型，其公式为

$$E_i = \frac{|\Delta ESV_i|}{\sum\limits_{i=1}^{n} |\Delta ESV_i|} \tag{9.7}$$

式中，E_i 为第 i 种土地类型生态系统服务价值变化对总量变化的影响度；ΔESV_i 为第 i 种土地利用/覆被生态系统服务价值在某一时段内的变化量；$i = 1, 2, 3, \cdots, n$，是土地利用类型。计算结果如表 9-11 所示。

表 9-11　1990～2015 年忠县各土地利用类型生态系统服务价值影响度

土地利用类型	1990～2000 年	2000～2005 年	2005～2010 年	2010～2015 年	1990～2015 年
林地	0.2491	0.1339	0.1676	0.4495	0.2201
草地	0.0305	0.0157	0.0059	0.0223	0.0124
耕地	0.6035	0.2017	0.2670	0.4139	0.3098
水域	0.0275	0.6315	0.5365	0.0626	0.4294
建设用地	0.0894	0.0143	0.0230	0.0157	0.0273
未利用地	0.0000	0.0029	0.0000	0.0000	0.0010

1990～2000 年各类土地类型的生态系统服务价值的变化绝对总量为 6.07×10^6 元，其中林地和耕地的影响度最大，其生态系统服务价值变化量分别为 1.15×10^6 元和 -3.66×10^6 元，影响度分别为 0.2491 和 0.6035；水域的影响度不大，约为整个生态系统服务价值变化绝对总量的 0.0275。

2000～2005 年变化绝对总量为 1.63×10^6 元，林地在这期间的变化量是 21.84×10^6 元，影响度为 0.1339；耕地在这期间的变化量是 -32.90×10^6 元，影响度约为林地的 1.5 倍；水域在这期间的变化量为 103.01×10^6 元，影响度约为整个生态系统服务价值变化绝对总量的 63.15%。

2005～2010 年变化绝对总量为 209.42×10^6 元，林地在这期间的变化量为 35.10×10^6 元，影响度为 0.1676；耕地在这期间的变化量是 -55.91×10^6 元，影响度约为林地的 2 倍；水域在这期间的变化量为 112.36×10^6 元，影响度约为整个生态系统服务价值变化绝对总量的 53.65%。

2010～2015 年变化绝对总量为 108.05×10^6 元，林地在这期间的变化量为 48.57×10^6 元，影响度为 0.4495；耕地在这期间的变化量是 -44.72×10^6 元，影响度为 0.4139；草地、水域和建设用地在这期间的变化量为分别为

-2.41×10^6 元、-6.76×10^6 元和 5.59×10^6 元，影响度分别为 0.0223、0.0626 和 0.0517，对整个生态系统服务价值变化绝对总量的影响较小。

1990～2015 年林地生态系统服务价值增加了 107.02×10^6 元，耕地生态系统服务价值减少了 150.64×10^6 元，水域生态系统服务价值增加了 208.78×10^6 元，影响度分别为 0.2201、0.3098 和 0.4294，其他土地类型的影响度非常小。从这 5 个研究时段可以看出，水域、林地、耕地的影响度较大，三者之和超过 0.96，成为影响整个生态系统服务价值的重要子系统。

(3) 各土地利用类型所占生态系统服务价值的比例

各种土地利用/覆被生态值对应研究时点生态系统服务总价值的贡献率，即价值比例，如表 9-12 所示。

表 9-12　1990～2015 年忠县各种土地利用/覆被类型所占的价值比例(%)

土地利用类型	1990 年	2000 年	2005 年	2010 年	2015 年
林地	73.09	73.33	72.45	71.80	72.73
草地	0.85	0.86	0.79	0.75	0.71
耕地	19.26	18.97	17.99	16.59	15.72
水域	6.76	6.79	8.69	10.69	10.56
建设用地	0.03	0.04	0.08	0.18	0.28
未利用地	0.01	0.01	0.00	0.00	0.00

在以上各种土地类型中，耕地、林地、水域的价值比例较为明显，尤其是林地和耕地。林地的价值比例一直保持在 71% 以上。耕地的价值比例在 15.72%～19.26%，水域的价值比例在 6.76%～10.69%，2010 年和 2015 年水域价值比例增长较快。草地的价值比例在 0.80% 左右摆动，建设用地的价值比例不超过 0.3%，缓慢增加；未利用地的价值比例从 0.01% 下降到 0.00。2000～2015 年耕地的价值比例不断下降，从 1990 年的 19.26% 下降到 2015 年的 15.72%。林地的价值比例既有上升也有下降，1990～2000 年上升了 0.33%，2000～2010 年下降了 2.09%，2010～2015 年上升了 1.30%，1990～2015 年总体下降了 0.49 个百分点。2000～2010 年水域的价值比例上升了 57.44%，2010～2015 下降了 1.22%，1990～2015 年总体上升了 56.22%。

通过对忠县 1990～2015 年生态系统服务价值进行研究，研究结果表明：林地、耕地、水域对整个生态系统服务价值的影响最大，三者之和超过 0.96，是影响整个生态系统服务价值的重要子系统。1990～2015 年整个生态系统服务价值呈上升趋势，林地、水域、建设用地的生态系统服务价值呈增长趋势，而草地、耕地和未利用地呈现下降趋势，随着城市化进程的加快，忠县林地、水域的生态价值没有下降反而增加是值得肯定的，可见我国退耕还林对生态环境带来的效益。但耕地和草地生态系统服务价值减小，说明在退耕还林的同时也要注意耕地、林地和草地三者之间的平衡。

(四)本 章 小 结

本章以忠县为例，分析其 1990～2015 年土地利用类型的时间和空间变化，并对忠县土地进行生态系统服务价值评估，具体结论如下。

a) 忠县土地利用类型主要以林地为主，耕地、水域、建设用地次之，其他土地利用类型所占比例较小。1990～2015 年忠县的林地、耕地、建设用地变化明显，相互转化。

b) 1990～2015 年忠县的生态系统服务价值总量是上升的，特别是 2005～2010 年增加了 $95.11×10^6$ 元。单位面积生态系统服务价值大小顺序为水域>林地>草地>耕地>未利用地>建设用地。

c) 1990～2015 年忠县土地利用结构调整较大，并且以单向转换为主要方向，土地利用/覆盖的整体趋势是趋于不平衡的。

第十章　重庆三峡库区后续发展生态效益评估模型构建及应用*

本章以"重庆三峡库区后续发展"为关注点，利用熵技术和灰色模型对传统的层次分析法确定的指标权重值进行修正，构建生态效益评估模型，对重庆三峡库区的生态效益进行综合评估，提出加快重庆三峡库区成库后生态环境可持续利用的引领措施与对策，以期为实现重庆三峡库区后续经济社会发展、移民安稳致富、生态环境保护提供参考。

（一）重庆三峡库区后续发展生态效益评估模型构建

1. 数据来源

数据均来自相关政府部门2009～2016年的公开数据。包括《重庆市环境状况公报》、《重庆市水土保持公报》、《重庆市水资源公报》、《长江三峡工程生态与环境监测公报》、重庆市各区(县、自治县)的《国民经济和社会发展统计公报》和《重庆统计年鉴》。

2. 重庆三峡库区后续发展生态效益评估指标的构建

生态效益从广义上说是社会、经济、资源环境等多因素的综合体现，基于社会-经济-环境三分量模式选取评价指标，并利用主成分分析方法去除相关性较高的变量，最终构建了重庆三峡库区后续发展生态效益评估体系(表10-1)。

---

* 本章部分内容引用：Guan D J, Zhou L L, Peng H, et al. 2018. Construction and application of the ecological benefit assessment model for the follow-up development of the Three Gorges Reservoir Area in Chongqing, China, doi: 10:1007/s10708-018-9903-2.

表 10-1 2009～2015 年重庆三峡库区后续发展生态效益评估指标体系

目标层 A	准则层 B	指标层 C	指标选取理由
生态效益	环境效益 B_1	水资源(C_{11}) 空气质量优良天数(C_{12}) 森林覆盖率(C_{13})	水、空气、森林是构成生态环境的主要成分，必不可少
		农作物种植面积(C_{14}) 人均公共绿地(C_{15})	土地对于城市和农村的用途是不一样的，选用城市和农村两种功能
		大气 SO_2 浓度(C_{16}) 城市污水处理率(C_{17})	污染对环境有致命影响，城市污水、SO_2 浓度严重影响环境效益
	社会效益 B_2	人口自然增长率(C_{21}) 人口总数(C_{22})	人口总数是构成社会效益的重要因素，人口自然增长率则会影响效益状态，
		城市化率(C_{23}) 社会消费品零售总额(C_{24}) 人均道路长度(C_{25})	城市化率可以表示地区发展的总体情况，社会消费品零售总额表示居民生活状况，人均道路长度表示社会基础设施情况
	经济效益 B_3	区(县、自治县)GDP 年均增长率(C_{31}) 人均 GDP 增长率(C_{32})	区(县、自治县)GDP 年均增长率和人均 GDP 增长率表示区(县、自治县)整体的经济水平状态
		固定资产投资额(C_{33}) 经济密度(C_{34}) 区(县、自治县)级公共预算支出(C_{35})	固定资产投资额反映地区经济实力，经济密度直接反映经济水平，区(县、自治县)级公共预算支出反映政府经济支付能力

3. 重庆三峡库区后续发展生态效益评估指标权重的确定

(1) 熵权-层次分析法

采用专家打分法对评价指标进行两两比较,构造两两比较的判断矩阵,归一化处理后,用和积法求取指标权重,并进行一致性检验,确定指标权重 $C = (c_1, c_2, \cdots, c_m)$。

设有 m 个评价指标、n 个评价对象,则形成原始数据矩阵 $R = (r_{ij})_{m \times n}$,无量纲化处理,记为矩阵 $S = (s_{ij})_{m \times n}$

$$s_{ij} = \frac{r_{ij} - \min\{r_{ij}\}}{\max\{r_{ij}\} - \min\{r_{ij}\}} \tag{10.1}$$

进行归一化处理, 记为

$$S'_{ij} = \frac{S_{ij}}{\sum_i \sum_j S_{ij}} \tag{10.2}$$

对第 i 个指标的熵定义为

$$H_i = -k\sum_{j=1}^{n} f_{ij} \ln f_{ij} \quad (i=1,2,3,\cdots,m; j=1,2,3,\cdots,n) \tag{10.3}$$

式中，$f_{ij} = s'_{ij} / \sum_{j=1}^{n} s'_{ij}$；$k = 1/\ln n$；当 $f_{ij} = 0$ 时，令 $f_{ij} \ln f_{ij} = 0$；n 为评价对象的个数；H_i 为第 i 个指标的熵。

第 i 个指标的熵权定义为

$$w_i = \frac{1 - H_i}{m - \sum_{i=1}^{m} H_i} \tag{10.4}$$

式中，$0 \leqslant w_i \leqslant 1$；$H_i$ 为第 i 个指标的熵；m 为评价指标的个数；w_i 为第 i 个指标的熵权。

第 i 个指标的综合权重定义为

$$Z_i = \frac{w_i c_i}{\sum_{i=1}^{m} w_i c_i} \tag{10.5}$$

式中，Z_i 为第 i 个指标的综合权重；w_i 为第 i 个指标的熵权；c_i 为第 i 个指标的层次分析法权重。

(2) 灰色-层次分析法

对原始数据矩阵 $R = (r_{ij})_{m \times n}$ 进行无量纲归一化处理之后得到 $S = (s'_{ij})_{m \times n}$，根据数据确定参考数列，即理想数据值：

$$S_0 = (s'_1, s'_2, \cdots, s'_n) \tag{10.6}$$

关联系数矩阵 β：

$$\beta(i) = \frac{\min\limits_{i}\min\limits_{j} |s'_{0j} - s'_{ij}| + \rho \max\limits_{i}\max\limits_{j} |s'_{0j} - s'_{ij}|}{|s'_{0j} - s'_{ij}| + \rho \max\limits_{i}\max\limits_{j} |s'_{0j} - s'_{ij}|} \tag{10.7}$$

式中，$\rho \in [0,1]$，一般取 $\rho = \dfrac{1}{m}\sum\limits_{i=1}^{m}\sum\limits_{j=1}^{n} s_{ij} \times C_j$。

计算关联序：

$$w'_i = \frac{1}{n}\sum_{j=1}^{n} \beta_i(j) \tag{10.8}$$

第 i 个指标的综合权重定义为

$$Z'_i = \frac{w'_i c_i}{\sum\limits_{i=1}^{m} x_i c_i} \tag{10.9}$$

式中，Z_i' 为第 i 个指标的综合权重；w_i' 为第 i 个指标的熵权；c_i 为第 i 个指标的层次分析法权重。

综合考虑熵权-层次分析法和灰色-层次分析法确定权重，取其均值作为最终的综合权重：

$$W = \frac{Z + Z'}{2} \tag{10.10}$$

4. 重庆三峡库区后续发展生态效益评估指标标准值的确定

依据相关规定对 2009～2015 年的指标数据进行分级，Ⅰ、Ⅱ、Ⅲ、Ⅳ 和Ⅴ级分别表示生态效益劣、生态效益差、生态效益中、生态效益良和生态效益优，重庆三峡库区后续发展生态效益评估指标标准值见表 10-2。

表 10-2　重庆三峡库区后续发展生态效益评估指标标准值

评价指标			指标标准值				
目标层	准则层	指标层	Ⅰ	Ⅱ	Ⅲ	Ⅳ	Ⅴ
环境效益	生态资源	水资源/亿 m²	<1	1～5	5～10	10～20	>20
		空气质量优良天数/天	<200	200～205	205～310	310～340	>340
		森林覆盖率/%	<20	20～30	30～40	40～50	>50
	生态功能	农作物种植面积/亿 m²	<1	1～3	3～5	5～10	>10
		人均公共绿地面积/m²	<4	4～8	8～12	12～15	>15
	环境污染	大气二氧化硫浓度/(mg/m³)	>0.07	0.05～0.07	0.03～0.05	0.015～0.03	<0.015
		城市污水处理率/%	<70	70～80	80～90	90～95	>95
社会效益	人口	人口自然增长率/%	<1	1～3	3～5	5～10	>10
		人口总数/万人	<30	30～50	50～80	80～100	>100
	社会稳定	城市化率/%	<30	30～50	50～70	70～80	>80
		社会消费品零售总额/亿元	<50	50～80	80～120	120～150	>150
		人均道路长度/(km/万人)	<20	20～30	30～50	50～60	>60
经济效益	经济增长	地区生产总值年均增长率/%	<0.03	0.03～0.04	0.04～0.05	0.05～0.06	>0.06
		人均地区生产值增长率/%	<0.03	0.03～0.04	0.04～0.05	0.05～0.06	>0.06
	经济均量	固定资产投资额/亿元	<50	50～100	100～150	150～200	>200
		经济密度/(亿元/km²)	<0.3	0.3～0.5	0.5～1	1～1.2	>1.2
		区(县、自治县)级公共支出/亿元	<20	20～30	30～40	40～50	>50

5. 评价模型构建

应用模糊数学构建重庆三峡库区后续发展生态效益评估模型。

$$E = W \times U \tag{10.11}$$

式中，E 为生态效益的评价结果；W 为评价权重矩阵；U 为生态效益评价指标隶属于不同等级的隶属度矩阵。

其中，

$$U = (u_{ij})_{m \times p} = \begin{bmatrix} u_{11} & \dots & u_{1p} \\ \dots & \dots & \dots \\ u_{m1} & \dots & u_{mp} \end{bmatrix} \tag{10.12}$$

本章共划分 5 个评价等级，生态效益优、生态效益良、生态效益中、生态效益差和生态效益劣，所以 $p = 5$。

根据各评价指标的分布特征，对于收益性指标，采用"升半梯形"分布函数计算隶属度：

$$u_{m1} = \begin{cases} 1, & r \leqslant v_{m1} \\ 0, & r > v_{m1} \end{cases} ; \quad u_{m2} = \begin{cases} 0, & r \leqslant v_{m1} \\ \dfrac{r - v_{m1}}{v_{m2} - v_{m1}}, & v_{m1} < r < v_{m2} ; \\ 0, & r \geqslant v_{m2} \end{cases}$$

$$u_{m3} = \begin{cases} 0, & r \leqslant v_{m2} \\ \dfrac{r - v_{m2}}{v_{m3} - v_{m2}}, & v_{m2} < r < v_{m3} ; \\ 0, & r \geqslant v_{m3} \end{cases} \quad u_{m4} = \begin{cases} 0, & r \leqslant v_{m3} \\ \dfrac{r - v_{m3}}{v_{m4} - v_{m3}}, & v_{m3} < r < v_{m4} ; \\ 0, & r \geqslant v_{m4} \end{cases} \tag{10.13}$$

$$u_{m5} = \begin{cases} 0, & r < v_{m4} \\ 1, & r \geqslant v_{m4} \end{cases}$$

对于成本性指标，采用"降半梯形"分布函数计算隶属度：

$$u_{m1} = \begin{cases} 1, & r \geqslant v_{m1} \\ 0, & r \leqslant v_{m1} \end{cases} ; \quad u_{m2} = \begin{cases} 0, & r \geqslant v_{m1} \\ \dfrac{v_{m1} - r}{v_{m1} - v_{m2}}, & v_{m2} < r < v_{m1} ; \\ 0, & r \leqslant v_{m2} \end{cases}$$

$$u_{m3} = \begin{cases} 0, & r \geqslant v_{m2} \\ \dfrac{v_{m2} - r}{v_{m2} - v_{m3}}, & v_{m3} < r < v_{m2} ; \\ 0, & r \leqslant v_{m3} \end{cases} \quad u_{m4} = \begin{cases} 0, & r \geqslant v_{m3} \\ \dfrac{v_{m3} - r}{v_{m3} - v_{m4}}, & v_{m4} < r < v_{m3} ; \\ 0, & r \leqslant v_{m4} \end{cases} \tag{10.14}$$

$$u_{m5} = \begin{cases} 0, & r \geqslant v_{m4} \\ 1, & r \leqslant v_{m4} \end{cases}$$

式中，r 为指标数值；u_m 为隶属度值；v_m 为相邻等级之间的边界值。

最终的生态效益评估等级通过加权等效法确定，对 5 个等级优、良、中、差、劣分别赋值 5、4、3、2、1。则

$$T = 5 \times E_1 + 4 \times E_2 + 3 \times E_3 + 2 \times E_4 + 1 \times E_5 \tag{10.15}$$

式中，E_1、E_2、E_3、E_4 和 E_5 分别为生态效益隶属于优、良、中、差和劣。$T < 1$ 为生态效益评估等级为劣；$1 \leqslant T < 2$ 为生态效益评估等级为差；$2 \leqslant T < 3$ 为生态效益评估等级为中；$3 \leqslant T < 4$ 为生态效益评估等级为良；$4 \leqslant T < 5$ 为生态效益评估等级为优。

(二)重庆三峡库区后续发展生态效益综合评价与分析

1. 重庆三峡库区后续发展生态效益整体评价

基于熵权-层次分析法和灰色-层次分析法，计算得到重庆三峡库区后续发展生态效益评估指标的综合权重，在此基础上，根据构建的生态效益评估模型，计算得到 2009～2015 年重庆三峡库区后续发展生态效益评估结果，其空间分布如图 10-1 所示。

重庆三峡库区生态效益整体上处在差与良之间，没有劣和优，生态效益从东北往西南呈现出逐渐降低的趋势，高值区域主要集中在重庆三峡库区的东北区域(库腹东部区域)，生态效益相对较好，低值区域主要集中在重庆三峡库区的西南区域(库尾区域)，生态效益相对较差。

2009 年重庆三峡库区生态效益评估等级为差的区(县、自治县)有 9 个，占整个区域区(县、自治县)个数的 41.0%，生态效益评估等级为中的区(县)有 12 个，占整个区域区(县、自治县)个数的 54.5%，重庆三峡库区生态效益评估等级为良的区只有 1 个，占整个区域区(县、自治县)个数的 4.5%[图10-1(a)]；2010 年重庆三峡库区生态效益评估等级为差的区减少到 7 个，占整个区域区(县、自治县)个数的 31.8%，生态效益评估等级为中的区(县、自治县)增加到 14 个，占整个区域区(县、自治县)个数的 63.7%，重庆三峡库区生态效益评估等级为良的区(县)有 1 个，占整个区域区(县、自治县)个数的 4.5%[图 10-1(b)]；2011 年重庆三峡库区生态效益评估等级为差的区(县)继续减少到 6 个，占整个区域区(县、自治县)个数的 27.3%，生态效益评估等级为中的区(县、自治县)有 13 个，占整个区域区(县、自治县)个数的 59.1%，重庆三峡库区生态效益评估等级为良的区(县)增加到

3 个，占整个区域区（县、自治县）个数的 13.6%[图 10-1(c)]；2012 年
重庆三峡库区生态效益评估等级为差的区继续减少到只有 4 个，占整个
区域区（县、自治县）个数的 18.2%，生态效益评估等级为中的区（县、自
治县）增加到 17 个，占整个区域区（县、自治县）个数的 77.3%，重庆三
峡库区生态效益评估等级为良的区（县）有 1 个，占整个区域区（县）个数
的 4.5%[图 10-1(d)]；2013 年重庆三峡库区生态效益评估等级为差的区
（县）有 8 个，占整个区域区（县、自治县）个数的 36.4%，生态效益评估等
级为中的区（县、自治县）有 10 个，占整个区域区（县、自治县）个数的 45.5%，
重庆三峡库区生态效益评估等级为良的区（县）增加到 4 个，占整个区域区
（县、自治县）个数的 18.2%[图 10-1(e)]；2014 年重庆三峡库区生态效益
评估等级为差的区（县）有 3 个，占整个区域区（县、自治县）个数的 13.6%，

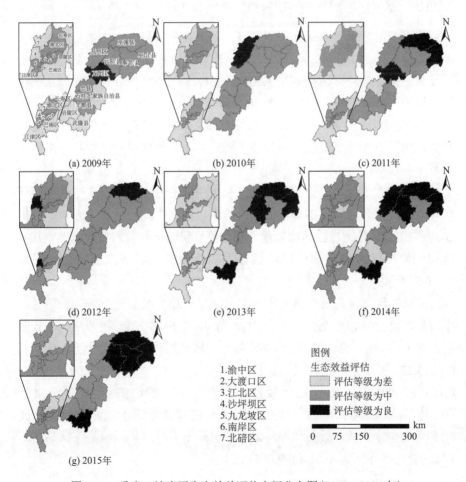

图 10-1 重庆三峡库区生态效益评估空间分布图(2009～2015 年)

生态效益评估等级为中的区(县、自治县)有 14 个，占整个区域区(县、自治县)个数的 63.7%，重庆三峡库区生态效益评估等级为良的区(县)增加到 5 个，占整个区域区(县、自治县)个数的 22.7%[图 10-1(f)]；2015 年重庆三峡库区生态效益评估等级为差的区减少到两个，占整个区域区(县、自治县)个数的 9.1%，生态效益评估等级为中的区(县、自治县)有 15 个，占整个区域区(县、自治县)个数的 68.2%，重庆三峡库区生态效益评估等级为良的区(县)有 5 个，占整个区域区(县、自治县)个数的 22.7%[图 10-1(g)]。2009～2015 年重庆三峡库区后续发展生态效益评估等级为中和生态效益评估等级为良的区(县)数量在逐年增加，生态效益评估等级为差的区(县)数量在逐年减少，表明重庆三峡库区生态效益在逐年改善。

2. 重庆三峡库区库腹东部后续发展生态效益评价

库腹东部是指万州区、开州区、云阳县、奉节县、巫山县与巫溪县 6 个区(县)，处于重庆东北区域。重庆三峡库区库腹东部生态效益的总体水平较高，生态效益评估指数在 1.9667～3.7925。2009～2015 年库腹东部各区(县)的生态效益变化趋势如图 10-2 所示。

2009～2015 年重庆三峡库区库腹东部 6 个区(县)的生态效益评估变化趋势，除了万州区呈现出生态效益下滑趋势，其他区(县)全部呈现出生态效益上升趋势。

计算生态效益评估结果的同时，利用相同的方法计算重庆三峡库区环境效益、社会效益和经济效益的评价结果，构建一元线性拟合方程，分析2009～2015 年各区(县)环境效益、社会效益和经济效益的变化趋势，其中重庆三峡库区库腹东部的环境效益、社会效益和经济效益评估结果如表 10-3 所示。

重庆三峡库区库腹东部生态效益呈现增长趋势的有开州区、云阳县、奉节县、巫山县和巫溪县。由表 10-3 可知，2009～2015 年开州区、云阳县、奉节县和巫山县的环境效益整体上呈增长趋势(变化率分别为 0.187、0.22、0.233 和 0.348)，经济效益也在同步增长(变化率分别为 0.097、0.103、0.103 和 0.007)，但是社会效益却呈现出下降的趋势(变化率分别为 −0.045、−0.006、−0.076 和−0.157)；巫溪县的环境效益整体上呈增长趋势(变化率为 0.202)，社会效益和经济效益却呈现出下降趋势，但是下降趋势不明显(变化率分别为−0.01 和−0.005)。

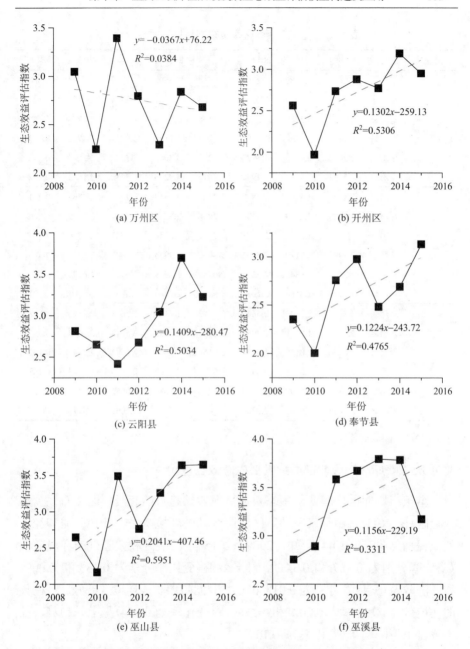

图 10-2 重庆三峡库区库腹东部生态效益变化趋势图

重庆三峡库区库腹东部生态效益呈现下滑趋势的是万州区。由表 10-3 可知，2009～2015 年万州区的环境效益和经济效益呈现出下降趋势(变化率分别为–0.042 和–0.03)，社会效益呈现出上升趋势(变化率为 0.221)。环境效益和经济效益下滑导致区域的生态效益下滑。

表 10-3　重庆三峡库区库腹东部目标层效益评价

生态效益	区(县)	2009 年	2010 年	2011 年	2012 年	2013 年	2014 年	2015 年	变化率
环境效益	万州区	3.64	2.3482	3.593	2.9514	2.5502	3.1389	3.0694	−0.042
	开州区	2.7222	1.7929	2.8338	3.2763	2.8591	3.2374	3.4986	0.187
	云阳县	3.212	3.1289	2.2671	3.4168	3.7359	4.4816	3.8775	0.22
	奉节县	2.5497	2.339	2.8585	3.7793	3.1128	3.4921	3.8712	0.233
	巫山县	2.9053	2.4033	4.1727	3.3238	3.8065	4.702	4.739	0.348
	巫溪县	3.2582	3.4578	4.4998	4.7416	4.8209	4.7782	4.1523	0.202
社会效益	万州区	1.4675	1.6996	2.007	2.8137	2.0813	2.8	2.7763	0.221
	开州区	3.3028	3.4349	2.8147	2.2266	2.6715	3.6694	2.7709	−0.045
	云阳县	2.7602	1.5995	1.9171	1.7401	1.8044	2.4557	2.1729	−0.006
	奉节县	2.7995	1.3119	2.5095	1.449	1.9933	1.549	2.1018	−0.076
	巫山县	2.65	1.8842	2.7286	2.0359	1.8729	1.6469	1.6322	−0.157
	巫溪县	1.7188	1.8964	2.1232	1.9466	2.0583	1.899	1.641	−0.01
经济效益	万州区	2.5643	2.5643	2.5643	2.2702	1.7187	2.5643	2.5643	−0.03
	开州区	2.0963	1.9811	2.4083	2.5643	2.5643	2.5643	2.5643	0.097
	云阳县	2.0556	2.0139	1.9738	2.2154	2.241	2.5643	2.5643	0.103
	奉节县	2.0137	2.0638	2.0435	2.0694	2.2727	2.5643	2.5643	0.103
	巫山县	2.0187	1.9599	2.0289	1.9465	2.0686	2.0052	2.0419	0.007
	巫溪县	2.0187	1.9786	2.0205	2.1094	1.956	2.1065	1.9117	−0.005

3. 重庆三峡库区库腹西部后续发展生态效益评价

　　重庆三峡库区库腹西部生态效益呈现增长趋势的有涪陵区、石柱县和武隆区(图 10-3)。由重庆三峡库区库腹西部的环境效益、社会效益和经济效益评估结果(表 10-4)可知,2009~2015 年涪陵区和武隆区的环境效益(变化率分别为 0.187 和 0.341)、社会效益(变化率分别为 0.133 和 0.009)和经济效益(变化率分别为 0.018 和 0.055)同步增长,环境效益好。石柱县的环境效益(变化率为 0.208)和经济效益(变化率为 0.074)呈上升趋势,社会效益呈下降趋势(变化率为−0.159)。

　　重庆三峡库区库腹西部生态效益呈现下滑趋势的有忠县和丰都县。由表 10-4 可知,2009~2015 年忠县的环境效益下降,社会效益(变化率为0.035)和经济效益(变化率为 0.094)上升,环境效益的下降导致区域的生态效益下降;丰都县的社会效益呈下降趋势(变化率为−0.085),环境效益(变化率为 0.025)和经济效益(变化率为 0.103)上升,丰都县的经济效益远高于库腹西部区域的其他区(县),但其社会效益的下降导致区域生态效益呈下降趋势。

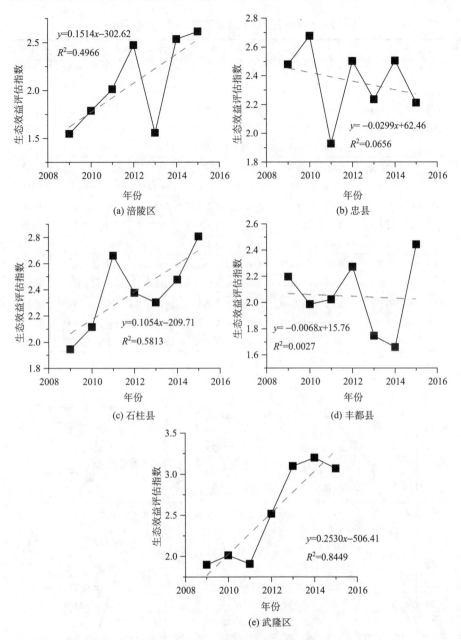

图 10-3　重庆三峡库区库腹西部生态效益变化趋势图

4. 重庆三峡库区库尾后续发展生态效益评价

重庆三峡库区库尾包括重庆市主城 9 区、江津区和长寿区 11 个区，生态效益评估指数在 1.2627～3.0053，库尾各区 2009～2015 年的生态效益变化趋势如图 10-4 所示。

表 10-4　重庆三峡库区库腹西部目标层效益评价

生态效益	区(县)	2009 年	2010 年	2011 年	2012 年	2013 年	2014 年	2015 年	变化率
环境效益	涪陵区	1.4776	1.4535	1.9499	2.3572	1.234	2.5778	2.7151	0.187
	忠县	2.7753	3.2701	2.2347	2.8992	2.2535	2.7049	2.6577	−0.052
	石柱县	1.8627	2.2947	2.5397	2.5171	2.5142	2.7258	3.524	0.208
	丰都县	2.4983	1.8352	2.2112	2.2737	1.6836	1.8061	2.9267	0.025
	武隆区	2.1714	1.999	2.0385	2.698	3.5351	3.7469	3.6911	0.341
社会效益	涪陵区	1.6334	2.5729	2.1556	3.09	2.692	2.5028	2.7395	0.133
	忠县	2.1388	0.9577	1.4713	1.4817	2.0886	1.7969	1.6984	0.035
	石柱县	2.8395	1.6352	2.6457	1.2559	1.8142	1.2781	1.8747	−0.159
	丰都县	1.3897	2.7296	1.446	1.5688	1.354	1.2648	1.6043	−0.085
	武隆区	1.1317	1.9616	1.5822	1.3778	1.611	1.306	1.6389	0.009
经济效益	涪陵区	2.3938	2.5643	2.5643	2.5643	2.5643	2.5643	2.5643	0.018
	忠县	1.9736	2.0033	1.9617	2.0534	2.2665	2.2745	2.5643	0.094
	石柱县	1.6315	1.9246	2.0399	2.0417	2.1257	2.2135	2.0987	0.074
	丰都县	1.9607	1.9264	2.0221	2.3339	2.2712	2.3454	2.5643	0.103
	武隆区	1.655	2.0299	1.9293	1.9935	2.0802	2.1635	2.0293	0.055

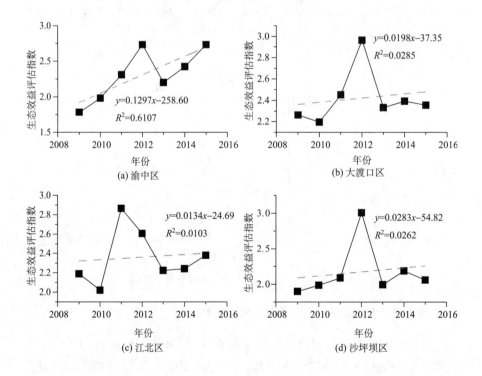

(a) 渝中区　　(b) 大渡口区　　(c) 江北区　　(d) 沙坪坝区

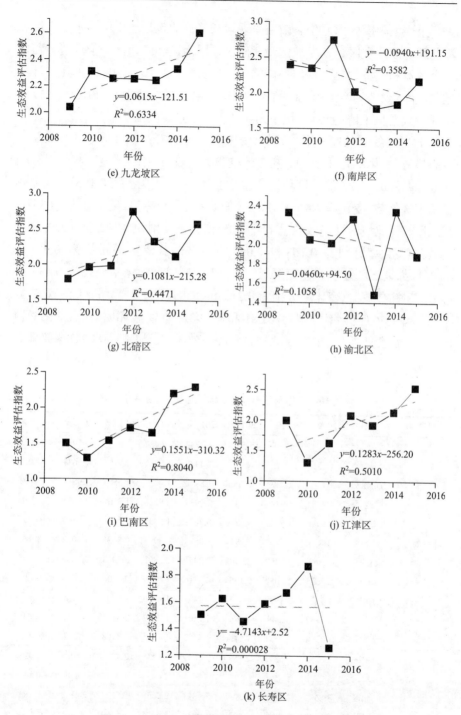

图 10-4 重庆三峡库区库尾生态效益变化趋势图

重庆三峡库区库尾生态效益呈现增长趋势的包括渝中区、大渡口区、江北区、沙坪坝区、九龙坡区、北碚区、巴南区和江津区。但环境效益、社会效益和经济效益呈现出不同的变化趋势，由重庆三峡库区库尾的环境效益、社会效益和经济效益评估结果(表 10-5)可知，2009～2015 年大渡口区环境效益呈下降趋势(变化率为–0.02)，社会效益也呈下降趋势(变化率为–0.147)，经济效益呈增长趋势(变化率为–0.147)；沙坪坝区环境效益呈下降趋势(变化率为–0.101)，社会效益和经济效益呈上升趋势(变化率分别为 0.127 和 0.224)；渝中区环境效益呈上升趋势(变化率为 0.195)，社会效益呈下降趋势(变化率为–0.025)，经济效益呈上升趋势(变化率为 0.035)；江北区、九龙坡区环境效益呈上升趋势(变化率分别为 0.102 和 0.099)，社会效益(变化率分别为–0.163 和–0.064)和经济效益(变化率分别为–0.038 和–0.011)都呈下降趋势；北碚区、巴南区环境效益(变化率分别为 0.134 和 0.167)和社会效益(变化率分别为 0.219 和 0.302)呈上升趋势，经济效益呈现出下降趋势(变化率分别为–0.081 和–0.006)；江津区环境效益(变化率为 0.161)、社会效益(变化率为 0.152)和经济效益(变化率为 0.034)全部呈上升趋势。

表 10-5　重庆三峡库区库尾目标层效益评价

生态效益	区名	2009 年	2010 年	2011 年	2012 年	2013 年	2014 年	2015 年	变化率
环境效益	渝中区	0.9283	1.1399	1.5505	1.8742	1.6427	1.6137	2.3982	0.195
	大渡口区	1.6319	1.72	2.197	2.4388	1.8361	1.7174	1.5637	–0.02
	江北区	1.1362	1.2323	2.0004	1.8942	1.4739	1.6584	1.9816	0.102
	沙坪坝区	1.4081	1.9249	1.0617	2.1937	0.8228	1.2364	1.0063	–0.101
	九龙坡区	0.9996	1.5183	1.3792	0.9878	1.5955	1.3667	1.9565	0.099
	南岸区	1.876	1.5793	1.9914	1.0579	0.8995	0.8681	1.4038	–0.14
	北碚区	1.862	2.2469	2.1702	2.9961	2.1802	2.3063	3.0655	0.134
	渝北区	2.3674	1.9052	2.1754	2.3716	1.0249	2.2304	1.2755	–0.135
	巴南区	1.5421	1.1999	1.4731	1.4437	1.4736	1.9902	2.5749	0.167
	江津区	2.1787	1.049	1.4746	1.7581	1.7079	2.3171	2.7568	0.161
	长寿区	1.4548	1.6531	1.1156	1.4702	1.7511	1.8188	1.617	0.052
社会效益	渝中区	2.6975	2.5345	2.5509	3.2889	2.6231	2.4084	2.5269	–0.025
	大渡口区	3.2539	1.8595	2.15	3.0603	2.0434	1.9138	1.8787	–0.147
	江北区	3.8681	2.7336	2.899	3.4811	2.8658	2.5523	2.4823	–0.163
	沙坪坝区	2.9752	2.0005	3.5758	3.9439	3.4324	3.5459	3.179	0.127
	九龙坡区	3.8473	2.9477	3.1449	4.162	3.0234	3.2779	3.0729	–0.064
	南岸区	3.9032	2.7281	2.8625	2.7855	2.6189	2.6241	2.9251	–0.121

生态效益	区名	2009 年	2010 年	2011 年	2012 年	2013 年	2014 年	2015 年	变化率
社会效益	北碚区	1.3645	1.1978	1.6742	2.2264	2.0194	2.0996	2.6934	0.219
	渝北区	3.5925	2.8096	2.3912	2.9162	2.6648	2.8641	3.2539	−0.023
	巴南区	0.8513	1.5707	1.6859	2.6781	2.4323	2.6079	2.7332	0.302
	江津区	1.4608	1.8263	2.0221	2.8402	2.2402	2.3055	2.4912	0.152
	长寿区	1.1804	1.2669	1.7103	1.8264	1.1443	1.0391	1.1593	−0.039
经济效益	渝中区	4.4077	4.924	5.0003	5.0003	4.0408	5.0003	5.0003	0.035
	大渡口区	3.3792	4.5226	3.5057	3.459	4.0064	4.4621	4.6262	0.147
	江北区	5.0003	5.0003	5.0003	3.9817	3.9386	5.0003	5.0003	−0.038
	沙坪坝区	3.2417	2.6728	5.0003	5.0003	4.4031	5.0003	3.9817	0.224
	九龙坡区	4.852	5.0003	5.0003	5.0003	4.2466	5.0003	5.0003	−0.011
	南岸区	3.3364	5.0003	5.0003	4.3738	5.0003	5.0003	5.0003	0.178
	北碚区	2.3145	1.8289	2.3422	2.4084	2.952	2.0418	1.2125	−0.081
	渝北区	1.8333	1.8895	2.0606	2.3411	2.6492	2.9351	2.6437	0.183
	巴南区	2.2741	2.2534	2.5643	2.2218	2.5643	2.5643	2.0153	−0.006
	江津区	2.243	2.5643	2.5643	2.5643	2.5643	2.5643	2.5643	0.034
	长寿区	2.3106	2.5643	2.5643	1.8792	2.4848	2.5643	0.9496	−0.149

重庆三峡库区库腹东部生态效益呈现下滑趋势的是南岸区、渝北区和长寿区。由表 10-5 可知，2009~2015 年南岸区、渝北区的环境效益呈下降趋势（变化率分别为−0.14 和−0.135），社会效益也呈下降趋势（变化率分别为−0.121 和−0.023），只有经济效益呈上升趋势（变化率分别为0.178 和 0.183），环境效益和社会效益下降导致区域生态效益下滑。长寿区环境效益呈上升趋势（变化率为 0.052），但社会效益（变化率为−0.039）和经济效益（变化率为−0.149）呈下降趋势，导致区域生态效益呈下降趋势。

（三）重庆三峡库区后续发展建议及对策

重庆三峡库区各区域的自然社会经济条件差异较大，不同区域的生态效益保护的侧重点不同，针对重庆三峡库区各区（县、自治县）的实际情况提出以下几点建议，以期为重庆三峡库区后续发展生态效益的提升提供参考。

a) 重庆三峡库区库腹东部生态效益最好，整体呈现出增长趋势，但是区域间的环境-社会-经济存在不协调因素，需要进一步调整优化。开州区、云阳县、奉节县、巫山县在当前保护环境和发展经济的基础上，应该加强社会效益的投入，受重庆三峡库区移民的影响，应加快区域基础设施建设的投入，减少人口流失；巫溪县在注重保护环境的同时，应加大经济的发展和社会基础设施建设的投入，加强招商引资，发展区域经济；近几年万州区社会效益呈现出增长趋势，基础设施完善，交通发达，因此，应加快区域经济的发展，同时加强环境保护的投入。

b) 重庆三峡库区库腹西部的生态效益优于库尾区域差于库腹东部区域，涪陵区和武隆区的环境-社会-经济协调发展，继续保持当前的发展模式；石柱县和丰都县应加强社会效益的投入，在保持环境保护和经济发展的同时，加强社会基础设施的投入；忠县则要在社会经济发展的同时，加强环境保护的投入。

c) 重庆三峡库区库尾区域差于其他区域，是重庆市主城所在区，人口密集，经济实力雄厚。11 个区中只有江津区的环境-社会-经济是协调发展的，区域的生态效益在逐年上升；大渡口区、南岸区和渝北区只注重了经济的发展，忽略了社会发展和环境保护，所以应加强社会发展和环境保护的投入，实现环境-社会-经济的协调发展；江北区、九龙坡区和长寿区的社会效益投入和经济发展缓慢，应加快区域的经济转型，淘汰落后产业，加快区域经济的发展及社会效益的投入。沙坪坝区、渝中区、北碚区和巴南区的生态效益呈增长趋势，但同时存在不协调因素，沙坪坝区应加强环境保护的投入力度，渝中区应加强社会效益的投入，北碚区和巴南区应加快经济的发展，以确保区域生态效益的长久稳定。

(四)本 章 小 结

a) 重庆三峡库区生态效益整体上处在差与良之间，没有劣和优；库腹东部生态效益高，库尾区域生态效益低，生态效益的空间分布呈现出从东北往西南逐渐降低的趋势。

b) 2009～2015 年重庆三峡库区生态效益在逐年改善，表现为评价等级中和评价等级良的区(县、自治县)数量在逐年增加，评价等级差的区(县、自治县)数量在逐年减少。

c) 重庆三峡库区后续发展需要优化当前环境-社会-经济系统的发展模式。2010～2015 年重庆三峡库区生态效益呈增长趋势的有 16 个区

（县、自治县），呈下降趋势的有 6 个区（县），其中生态效益呈增长趋势的 16 个区（县、自治县）中有 13 个区（县、自治县）的生态效益发展存在不稳定因素，即环境保护、社会发展和经济发展没有协同发展，从长远看环境-社会-经济系统中忽略任何一个子系统的发展，都将会影响区域生态效益的稳定。

参 考 文 献

白根川, 夏建国, 王昌全, 等. 2009. 基于地类空间转化趋势模型的眉山市东坡区土地利用转化分析. 资源科学, 31(10): 1793-1799.

蔡邦成, 陆根法, 宋莉娟, 等. 2008. 生态建设补偿的定量标准——以南水北调东线水源地保护区一期生态建设工程为例. 生态学报, 28(5): 2413-2416.

蔡光东, 董丛书. 2011. 三峡库区生态补偿机制研究. 水电能源科学, 29(12): 108-110.

蔡林. 2008. 系统动力学在可持续发展中的应用. 北京: 中国环境科学出版社.

蔡为民, 唐花俊, 吕钢, 等. 2006. 景观格局分析法与土地利用转换矩阵在土地利用特征研究中的应用. 中国土地科学, 20(1): 39-44.

曹洪华, 景鹏, 王荣成. 2013. 生态补偿过程动态演化机制及其稳定策略研究. 自然资源学报, 28(9): 1547-1555.

陈江龙, 曲福田, 王启仿. 2003. 经济发达地区土地利用结构变化预测——以江苏省江阴市为例. 长江流域资源与环境, 12(4): 317-322.

陈书卿, 刁承泰. 2009. 三峡库区生态经济区用地结构演变及驱动机制——以梁平县为例. 长江流域资源与环境, 18(12): 1125-1131.

陈述彭, 童庆禧, 郭华东. 1999. 遥感信息机理研究. 北京: 科学出版社.

陈妍竹. 2010. 基于成本平衡关系下的流域生态补偿机制研究. 昆明: 昆明理工大学硕士学位论文.

陈源泉, 高旺盛. 2007. 基于生态经济学理论与方法的生态补偿量化研究. 系统工程理论与实践, 27(4): 165-170.

程丽丹, 刘慧敏, 刘丽颖, 等. 2018. 三峡库区(重庆段)生态补偿额度多维度量化. 地理科学前沿, 8(6): 1067-1077.

程淑杰, 朱志玲, 王林伶, 等. 2013. 基于"省公顷"足迹变化的泾源县生态补偿定量评价. 水土保持研究, 20(5): 216-220.

崔琰. 2010. 黑河流域生态补偿机制研究. 兰州: 兰州大学硕士学位论文.

董长贵, 邬亮, 王海滨. 2008. 基于条件价值评估法的北京密云水库生态价值评估(I). 安徽农业科学, 36(33): 14707-14709.

杜加强, 王金生, 滕彦国, 等. 2008. 重庆市生态系统服务价值动态评估. 生态学杂志, 27(7): 1187-1192.

杜丽娟, 王秀茹, 刘钰. 2010. 水土保持生态补偿标准的计算. 水利学报, 41(11): 1346-1362.

高中良, 郑钦玉, 谭秀娟, 等. 2010. "国家公顷"生态足迹模型中均衡因子及产量因子的计算及应用——以重庆市为例. 安徽农业科学, 38(15): 7868-7871.

官冬杰, 龚巧灵, 刘慧敏, 等. 2016. 重庆三峡库区生态补偿标准差别化模型构建及应用研究. 环境科学学报, 36(11): 4218-4227.

官冬杰, 刘慧敏, 龚巧灵, 等. 2017. 重庆三峡库区后续发展生态补偿机制、模式研究. 重庆师范大学学报(自然科学版), 34(1): 39-48.

官冬杰, 苏维词. 2007. 重庆都市圈生态系统健康胁迫因子及胁迫效应分析. 水土保持研究, 14(3): 98-100.

郭荣中, 申海建. 2017. 基于生态足迹的澧水流域生态补偿研究. 水土保持研究, 24(2): 353-358.

国洪磊, 周启刚. 2016. 三峡库区蓄水前后土地利用变化对生态系统服务价值的影响. 水土保持研究, 23(5): 222-228.

郝慧梅, 郝永利, 任志远. 2011. 近20年关中地区土地利用/覆被变化动态与格局. 中国农业科学, 44(21): 4525-4536.

何锦峰. 2009. 金沙江干热河谷区土地利用/覆被变化研究. 成都: 四川科学技术出版社.

何仁伟, 刘绍权, 刘运伟. 2011. 基于系统动力学的中国西南岩溶区的水资源承载力——以贵州省毕节地区为例. 地理科学, 31(11): 1376-1382.

贾永飞. 2009. 南水北调丹江口库区建立生态补偿机制的问题研究. 水利发展研究, 9(12): 42-45.

姜永华, 江洪, 曾波, 等. 2008. 三峡库区(重庆段)土地利用变化对生态系统服务价值的影响分析. 水土保持研究, 15(4): 234-237.

赖敏, 吴绍洪, 尹云鹤, 等. 2015. 三江源区基于生态系统服务价值的生态补偿额度. 生态学报, 35(2): 227-236.

李洪远, 文科军, 鞠美庭, 等. 2006. 生态学基础. 北京: 化学工业出版社.

李镜. 2007. 岷江上游森林生态补偿机制研究. 成都: 四川农业大学.

李生海. 1994. 美国哥伦比亚河梯级电站系统管理运行分析. 水力发电, (9): 54-56.

李晓光, 苗鸿, 郑华, 等. 2009. 机会成本法在确定生态补偿标准中的应用: 以海南中部山区为例. 生态学报, 29(9): 4875-4883.

李勇进, 陈兴鹏, 拓学森, 等. 2006. 甘肃省"资源-环境-经济系统"动态仿真研究. 中国人口・资源与环境, 16(4): 94-98.

梁福庆. 2010. 三峡库区生态补偿问题探讨. 三峡大学学报(人文社会科学版), 32(1): 13-17.

梁福庆. 2012. 三峡后续工作库区生态环境保护的思考与对策. 水利发展研究, 12(11): 26-29.

刘传胜, 张万昌, 雍斌. 2007. 绿洲景观格局动态及其梯度分析的遥感研究. 遥感信息, (3): 61-67.

刘春腊, 刘卫东, 陆大道. 2013. 1987-2012年中国生态补偿研究进展及趋势. 地理科学进展, 32(12): 1780-1792.

刘春霞, 李月臣, 罗茜. 2011. 重庆市都市区土地利用/覆盖变化的生态响应研究. 水土保持研究, 18(1): 111-115.

刘慧敏, 官冬杰, 张梦婕. 2016. 三峡库区生态安全后续发展胁迫因子及胁迫机理研究. 广西师范大学学报(自然科学版), 34(3): 150-158.

刘桂环, 文一惠, 张惠远. 2010. 基于生态系统服务的官厅水库流域生态补偿机制研究. 资源科学, 32(5): 856-863.

刘纪远. 1996. 中国资源环境遥感宏观调查与动态研究. 北京: 中国科学技术出版社.

刘坚, 黄贤金, 赵彩艳, 等. 2006. 江苏省城市化发展与土地利用程度变化相关性研究. 水土保持研究, 13(2): 198-201.

刘琼, 欧名豪, 彭晓英. 2005. 基于马尔柯夫过程的区域土地利用结构预测研究——以江苏省昆山市为例. 南京农业大学学报, 28(3): 107-112.

刘瑞, 朱道林. 2010. 基于转移矩阵的土地利用变化信息挖掘方法探讨. 资源学, 32(8): 1544-1550.

刘薇. 2014. 市场化生态补偿机制的基本框架与运行模式. 经济纵横, (12): 37-40.

刘晓丽. 2013. 博弈实验对博弈论的方法论意义. 学术探索, (3): 24-28.

吕亚梅. 2012. 基于主成分分析法的湖北省可持续发展水平综合评价. 武汉: 武汉理工大学.

马骏, 马朋, 李昌晓, 等. 2014. 基于土地利用的三峡库区(重庆段)生态系统服务价值时空变化. 林业科学, 50(5): 17-26.

牛星, 欧名豪. 2007. 基于 MARKOV 理论的扬州市土地利用结构预测. 经济地理, 27(1): 153-156.

乔伟峰, 盛业华, 方斌, 等. 2013. 基于转移矩阵的高度城市化区域土地利用演变信息挖掘——以江苏省苏州市为例. 地理研究, 32(8): 1497-1507.

曲富国, 孙宇飞. 2014. 基于政府间博弈的流域生态补偿机制研究. 中国人口·资源与环境, 24(11): 83-88.

阮利民. 2010. 基于实物期权的流域生态补偿机制研究. 重庆: 重庆大学博士学位论文.

邵怀勇, 仙巍, 杨武年, 等. 2008. 三峡库区近 50 年间土地利用/覆被变化. 应用生态学报, 19(2): 453-457.

邵景安, 李阳兵, 魏朝富, 等. 2007. 大洪河水库库区土地利用变化及其社会经济驱动因素. 生态学杂志, 26(6): 898-903.

盛芝露, 赵筱青, 段晓桢. 2012. 生态补偿研究进展. 云南地理环境研究, 24(2): 103-109.

苏浩, 雷国平, 李荣印. 2014. 基于生态系统服务价值和能值生态足迹的河南省耕地生态补偿研究. 河南农业大学学报, 48(6): 765-769.

孙盼盼, 尹珂. 2014. 基于农户意愿的三峡库区消落带弃耕经济补贴标准估算及影响因素分析. 中国农学通报, 30(29): 115-119.

谭静, 官冬杰, 虎帅. 2017. 重庆三峡库区土地利用时空转型及其生态环境响应研究. 资源开发与市场, 33(3): 311-315.

汤国安, 杨昕. 2006. 地理信息系统空间分析实验教程. 北京: 科学出版社.

王金南. 2006. 生态补偿机制与政策设计国际研讨会论文集. 北京: 中国环境科学出版社.

王鹏, 黄贤金, 张兆干, 等. 2003. 生态脆弱地区农业产业结构调整与农户土地利用变化研究——以江西省上饶县为例. 南京大学学报(自然科学版), 39(6): 814-821.

王文杰. 2007. 三峡库区生态系统胁迫特征与生态恢复研究——以重庆开州区为例. 北

京: 中国环境科学出版社.

王希义, 徐海量, 潘存德, 等. 2017. 和田河流域土地生态系统服务价值变化及敏感性研究. 水土保持研究, 24(6): 334-340.

王秀兰, 包玉海. 1999. 土地利用动态变化研究方法探讨. 地理科学进展, 18(1): 81-87.

吴桂平, 曾永年, 杨松. 2007. 县(市)级土地利用总体规划中耕地需求量预测方法及其应用. 经济地理, 27(6): 995-998.

肖池伟, 刘影, 李鹏. 2016. 赣江流域生态经济价值与生态补偿研究. 地域研究与开发, 35(3): 133-138.

肖建红, 陈绍金, 于庆东, 等. 2011. 基于生态足迹思想的皂市水利枢纽工程生态补偿标准研究. 生态学报, 31(22): 6696-6707.

肖建红, 陈绍金, 于庆东, 等. 2012. 基于河流生态系统服务功能的皂市水利枢纽工程的生态补偿标准. 长江流域资源与环境, 21(5): 611-617.

肖建红, 王敏, 于庆东, 等. 2015. 基于生态足迹的大型水电工程建设生态补偿标准评价模型——以三峡工程为例. 生态学报, 35(8): 2726-2740.

肖建武, 余璐, 陈为, 等. 2017. 湖南省区际生态补偿标准核算——基于生态足迹方法. 中南林业科技大学学报(社会科学版), 11(1): 27-33.

谢高地, 甄霖, 鲁春霞, 等. 2008. 一个基于专家知识的生态系统服务价值化方法. 自然资源学报, 23(5): 911-917.

谢鸿宇, 陈贤生, 林凯荣, 等. 2008a. 基于碳循环的化石能源及电力生态足迹. 生态学报, 28(4): 1729-1735.

谢鸿宇, 王羚郦, 陈贤生. 2008b. 生态足迹评价模型的改进与应用. 北京: 化学工业出版社.

徐大伟, 涂少云, 常亮, 等. 2012. 基于演化博弈的流域生态补偿利益冲突分析. 中国人口·资源与环境, 22(2): 8-14.

徐建华. 2006. 计量地理学. 北京: 高等教育出版社.

徐琳瑜, 杨志峰, 帅磊, 等. 2006. 基于生态服务功能价值的水库工程生态补偿研究. 中国人口·资源与环境, 16(4): 125-128.

严恩萍, 林辉, 王广兴, 等. 2014. 1990-2011年三峡库区生态系统服务价值演变及驱动力. 生态学报, 34(20): 5962-5973.

杨竑杰. 2012. 太湖流域生态补偿机制研究. 上海: 上海交通大学硕士学位论文.

杨璐迪, 曾晨, 焦利民, 等. 2017. 基于生态足迹的武汉城市圈生态承载力评价和生态补偿研究. 长江流域资源与环境, 26(9): 1332-1341.

杨永青. 2010. 鄂尔多斯市工业经济协调发展系统动力学研究. 呼和浩特: 内蒙古大学硕士学位论文.

袁伟彦, 周小柯. 2014. 生态补偿问题国外研究进展综述. 中国人口·资源与环境, 24(11): 76-82.

岳东霞, 杜军, 刘俊艳, 等. 2011. 基于RS和转移矩阵的泾河流域生态承载力时空动态评价. 生态学报, 31(9): 2550-2558.

张恒义, 刘卫东, 王世忠, 等. 2009. "省公顷"生态足迹模型中均衡因子及产量因子的计算——以浙江省为例. 自然资源学报, 24(1): 82-92.

张建肖, 安树伟. 2009. 国内外生态补偿研究综述. 西安石油大学学报(社会科学版), 18(1): 24-29.

张俊, 周成虎, 李建新. 2006. 新疆焉耆盆地绿洲景观的空间格局及其变化. 地理研究, 25(2): 350-359.

张乐勤, 荣慧芳. 2012. 条件价值法和机会成本法在小流域生态补偿标准估算中的应用——以安徽省秋浦河为例. 水土保持通报, 32(4): 158-163.

张梦婕. 2015. 基于系统动力学的三峡库区生态安全后续发展预警评价. 重庆: 重庆交通大学.

张梦婕, 官冬杰, 苏维词. 2015. 基于系统动力学的重庆三峡库区生态安全情景模拟及指标阈值确定, 生态学报, 35(14): 4480-4890.

张明波, 田义文. 2013. 渭河全流域生态补偿机制研究. 广东农业科学, (3): 163-166.

张帅, 董泽琴, 王海鹤, 等. 2010. 基于生态足迹改进模型的均衡因子与产量因子计算——以某市为例. 安徽农业科学, 38(14): 7496-7498.

张新洁. 2010. 基于系统动力学模型的港口资源整合效果研究. 武汉: 武汉理工大学硕士学位论文.

赵翠薇, 王世杰. 2010. 生态补偿效益、标准——国际经验及对我国的启示. 地理研究, 29(4): 597-606.

周健, 官冬杰, 周李磊. 2018. 基于生态足迹的三峡库区重庆段后续发展生态补偿标准量化研究. 环境科学学报, 38(11): 4539-4553.

周涛, 王云鹏, 龚健周, 等. 2015. 生态足迹的模型修正与方法改进. 生态学报, 35(14): 4592-4603.

周燕, 王军, 岳思羽. 2006. 崂山水库库区生态补偿机制的探讨. 青岛理工大学学报, 27(3): 77-82.

朱家明. 2008. 重庆市三峡库区新农村建设的生态限制因子与对策分析. 安徽农业科学, 36(16): 6939-6940.

Bai Y, Wang R, Jin J. 2011. Water eco-service assessment and compensation in a coal mining region—A case study in the Mentougou District in Beijing. Ecological Complexity, 8(2): 144-152.

Castaño-Isaza J, Newball R, Roach B, et al. 2015. Valuing beaches to develop payment for ecosystem services schemes in Colombia's Seaflower marine protected area. Ecosystem Services, 11: 22-31.

Costanza R, D'Arge R, Groot R D, et al. 1997. The value of the world's ecosystem services and natural capital 1. Nature, 387(1): 3-15.

Cranford M, Mourato S. 2011. Community conservation and a two-stage approach to payments for ecosystem services. Ecological Economics, 71(15): 89-98.

Engel S, Pagiola S, Wunder S. 2008. Designing payments for environmental services in theory and practice: an overview of the issues. Ecological Economics, 65(4): 663-674.

Ferng J J. 2007. Resource-to-land conversions in ecological footprint analysis: the significance of appropriate yield data. Ecological Economics, 62(3-4): 379-382.

Friedman D. 1991. Evolutionary games in economics. Econometrica, 59(3): 637-666.

Fu B, Wang Y K, Xu P, et al. 2014. Value of ecosystem hydropower service and its impact on the payment for ecosystem services. Science of the Total Environment, 472: 338-346.

Guan D J, Zhou L L, Peng H, et al. 2018. Construction and application of the ecological benefit assessment model for the follow-up development of the Three Gorges Reservoir Area in Chongqing. China, Geo Journal doi: 101007/s10708-018-9903-2.

Hoffman J. 2008. Watershed shift: collaboration and employers in the New York city Catskill/Delaware Watershed from 1990-2003. Ecological Economics, 68(1): 141-161.

Mombo F, Lusambo L, Speelman S, et al. 2014. Scope for introducing payments for ecosystem services as a strategy to reduce deforestation in the Kilombero wetlands catchment area. Forest Policy and Economics, 38: 81-89.

Muradian R, Corbera E, Pascual U, et al. 2010. Reconciling theory and practice: an alternative conceptual framework for understanding payments for environmental services. Ecological Economics, 69(6): 1202-1208.

Newton P, Nichols E S, Endo W, et al. 2012. Consequences of actor level livelihood heterogeneity for additionality in a tropical forest payment for environmental services programme with an undifferentiated reward structure. Global Environmental Change, 22(1): 127-136.

Rees W E. 1992. Ecological footprints and appropriated carrying capacity: what urban economics leaves out. Focus, 6(2): 121-130.

Schomers S, Matzdorf B. 2013. Payments for ecosystem services: a review and comparison of developing and industrialized countries. Ecosystem Services, 6: 16-30.

Wackernagel M. 1999. Evaluating the use of natural capital with the ecological footprint: applications in Sweden and subregions. Ambio, 28(7): 604-612.

Wackernagel M, Onisto L, Bello P, et al. 1999. National natural capital accounting with the ecological footprint concept. Ecological Economics, 29(3): 375-390.

Wünscher T, Engel S, Wunder S. 2008. Spatial targeting of payments for environmental services: a tool for boosting conservation benefits. Ecological Economics, 65(4): 822-833.

Zbinden S, Lee D R. 2005. Paying for environmental services: ananalysis of participation in Costa Rica's PSA program. World Development, 33(2): 255-272.

附件：调 查 问 卷

您好，重庆三峡库区是重庆最重要的水源地，因此，该地区的生态环境保护与人们的日常生活和经济发展息息相关。此次调查问卷的目的是了解大家对该区域环境保护的认识程度，以便更好地开展重庆生态环境保护工作。非常感谢您抽出宝贵时间认真完成此次问卷，对您造成的不便敬请谅解。

重庆三峡库区生态补偿支付意愿调查问卷
1.您的性别？ A.男　B.女
2.您的年龄？   A.24 岁以下　B.25～34 岁　C.35～44 岁　D.45～54 岁　E.55～64 岁　F.65 岁及以上
3.您的受教育程度？   A.小学　B.初中　C.高中　D.大专/大学本科　E.本科以上
4.您的平均月收入？   A.1000 元及以下　B.1000～2500 元　C.2500～4999 元　D.5000～10000 元　E.10000～15000 元   F.15000 元及以上
5.您的职业？   A.政府工作者　B.公司职员　C.技工/工人　D.教师　E.学生　F.医务工作者　G.自主经营者　H.退休人员　I.务农
6.您认为三峡水库有哪些作用？（多选）   A.旅游度假　B.涵养水源　C.城市供水　D.传承文化　E.改善气候　F.科学研究　G.教育启智　H.减灾防洪　I.保持水土，净化空气
7.您了解到的三峡水库的生态环境如何？   A.好　B.比较好　C.一般　D.比较差　E.差
8.您认为谁该为三峡水库生态环境的破坏负责？（多选）   A.旅游开发商　B.当地政府　C.当地居民　D.游客　E.其他人
9.如果成立三峡水库生态保护基金会，您愿意投入基金作为保护基金吗？   A.愿意　B.不愿意

10.您认为长远发展中的重要因素是？（多选） A.发展生育　B.发展农业　C.外出打工　　D.保护生态　E.发展教育
11.　　假如您在家务农，您认为开荒垦地对生态保护的影响是？ A.影响大　B.影响小　C.无所谓
12.您愿意接受的补偿额度是？ A.100～200 元/年　B.200～300 元/年　C.300～400 元/年　D.400～500 元/年　E.500～600 元/年 F.600～700 元/年　G.700～800 元/年　H.800～9000 元/年　I.9000～1000 元/年
13.您愿意支付的资金额度是？ A.200～300 元/年　B.300～400 元/年　C.400～500 元/年　D.500～600 元/年　E.600～700 元/年 F.700～800 元/年　G.800～900 元/年　H.900～1000 元/年　I.1000～1100 元/年
14.如果您不愿意支付资金作为保护基金，是为什么呢？（多选） A.对这个基金会持怀疑或否定态度，不想加入 B.保护基金应由当地政府或居民支出 C.不用采取环保措施，任其自然就好 D.三峡水库发展的好坏对我影响不大 E.经济能力有限，不想支付 F.三峡库区的其他资金投入应该已经覆盖环保这一板块了

索　引